数学与统计学学术研究丛书

变分方法与非线性椭圆方程解的存在性与集中性研究

邵留洋 著

西南交通大学出版社

·成 都·

图书在版编目（CIP）数据

变分方法与非线性椭圆方程解的存在性与集中性研究 / 邵留洋著. -- 成都：西南交通大学出版社，2025.4.
ISBN 978-7-5774-0398-4

Ⅰ. O176；O175.25

中国国家版本馆 CIP 数据核字第 20257RJ371 号

Bianfen Fangfa yu Feixianxing Tuoyuan Fangcheng Jie de Cunzaixing yu Jizhongxing Yanjiu
变分方法与非线性椭圆方程解的存在性与集中性研究
邵留洋　著

策 划 编 辑	李芳芳　李华宇
责 任 编 辑	何明飞
封 面 设 计	墨创文化
出 版 发 行	西南交通大学出版社 （四川省成都市金牛区二环路北一段 111 号 　西南交通大学创新大厦 21 楼）
营销部电话	028-87600564　028-87600533
邮 政 编 码	610031
网　　　址	https://www.xnjdcbs.com
印　　　刷	成都勤德印务有限公司
成 品 尺 寸	170 mm × 230 mm
印　　　张	9.25
字　　　数	165 千
版　　　次	2025 年 4 月第 1 版
印　　　次	2025 年 4 月第 1 次
书　　　号	ISBN 978-7-5774-0398-4
定　　　价	54.00 元

图书如有印装质量问题　本社负责退换
版权所有　盗版必究　举报电话：028-87600562

前言
PREFACE

　　非线性偏微分方程作为数学模型描述常出现在物理学、化学、信息科学、生命科学、空间科学及环境科学等领域中，而对非线性偏微分方程的解及其解的性态的研究，也是非线性科学的重要组成部分. 19 世纪 30 年代英国科学家 J. S. Russel 最先注意到水波中的非线性现象，20 世纪 60 年代以来非线性科学得到了飞速的发展，并在非线性偏微分方程的求解方面也取得了大量成果. 此后，非线性偏微分方程的研究逐渐发展成为应用数学中一个重要的研究领域. 当前，非线性微分方程解的研究主要包括对解的存在性和多重性的研究、基态解、变号解以及对解的性态的研究. 目前，用于研究非线性偏微分方程的方法主要包括不动点定理、上下解方法（单调方法）、拓扑度理论、变分方法等.

　　变分法理论的发展与力学、物理学等其他自然科学的发展密切相关，相互促进. 拉格朗日用其最小作用原理成功地描述了流体动力学的规律，促使这些概念应用到物理学的其他分支上. 在 19 世纪早期，泊松（Poisson）、索非·乔曼（Sophie Germain）、柯西（Cauehy）等用变分法解决了许多弹性理论问题. 哈密顿（Hamilton）在 1824—1832 年，建立了光学的数学理论. 此后，他从最小作用原理出发得出更普遍的原理，在其他数学物理分支，如弹性理论、电磁理论、相对论和量子理论，求得相似的变分原理，不仅推动了变分法的进一步研究，而且也推动了微分方程的进一步研究. 1928—1934 年，摩斯（M. Morse）与刘斯切尔尼克（Л. А. ЛЮСТерНИК）、舍尼列利玛（Л. ГШНИреЛЬМаН）分别提出两种联系紧流形上函数临界点的性态与流形自身拓扑性质的理论. 这两个理论已成功地应用到变分学中的测地线问题中去. 近三四十年来，变分理论又有了重大的进展，1973 年由安布罗塞特（A. Ambrosctti）、鲁滨罗维茨（P. H. Rabinowitz）提出了山路引理，引出了一系列极小极大原理. 这些原理可以处理既无下界又无上界的泛函变分问题，为超线性椭圆型方程边值问题、超线性弦的周期振动问题以及哈密顿方程组周期轨道的研究提供了有效的工具. 变分法在近代科学技术中应用越来越广泛，如信息论中确定信息熵的最佳分布，控制论中研究最优控制问题都有它的应用. 微分方程中的变分方法就是把微分方程边值问题转化为可变分问题来证明解的存在性，即把研究一类具有变分结构的微分方程的解归结为分析该微分方程所对应泛函的临界点. 因此，寻找泛函的临界点就成为研究非线性椭圆方程解的存在性问题的关键所在.

近年来的研究表明这一方法已经成为研究椭圆型微分方程的一种有力的方法和重要工具. 学者们将临界点理论应用于 Hamilton 系统的周期解、同宿轨和异宿轨的研究中，应用于椭圆型方程的边值问题正解的存在性、多重性及最小能量解的研究中，应用于离散系统和泛函微分系统解的存在性的研究中.

本书主要运用变分方法研究三类具有强大物理背景的椭圆型偏微分方程，即带 p-Laplacian 拟线性 Schrödinger 方程、分数阶 Schrödinger 方程以及带临界非局部项 Schrödinger-Poisson 系统.

本书第 2 章有两部分内容，第一部分研究具临界指数的分数阶 Schrödinger 方程

$$\begin{cases} (-\Delta)^{\alpha} u + \lambda V(x)u = \dfrac{\kappa |u|^{q-2} u}{|x|^s} + \beta |u|^{2_\alpha^* - 2} u \\ u \in H^{\alpha}(R^N), N \geqslant 3 \end{cases} \quad (\text{FS}_1)$$

的非平凡的解和基态解以及解的集中现象，其中 $(-\Delta)^{\alpha}$ 是分数阶拉普拉斯，$\alpha \in (0,1)$，$2 \leqslant q \leqslant 2_{\alpha,s}^* = \dfrac{2(N-s)}{N-2\alpha} \leqslant 2_\alpha^* = \dfrac{2N}{N-2\alpha}$，$0 < s < 2\alpha$，$\lambda > 0$，$\kappa$ 和 β 是实参数，2_α^* 是分数阶的临界指数. 应用变分法，解决了具临界指数和深度能的

分数阶 Schrödinger 方程，我们给出了分数阶 Sobolev-Hardy 不等式，得到了方程的非平凡解的存在和不存在的情形，并且讨论了基态解的存在性和解的集中现象.

第二部分考虑下面的分数阶的 Kirchhoff 方程

$$\begin{cases} \left(a+b\int_{R^N}\left|(-\Delta)^{\frac{\alpha}{2}}u\right|^2 \mathrm{d}x\right)(-\Delta)^\alpha u + \lambda V(x)u = f(x,u)+\mu g(x)|u|^q \\ u \in H^\alpha(R^N), N \geqslant 3 \end{cases} \quad (\text{FSK}_1)$$

的多解及其解的集中现象. 其中, $a,b,\lambda > 0$ 是常数, $\mu > 0$ 且 $0 < q < 1$, $f \in C(R^N \times R, R)$. 在对 $V(x)$ 和 f 做一些简单的假设之后，我们得到了方程有两个不同的非平凡解，而且进一步讨论了多解的集中性问题，对于问题也给出了无解情况的讨论.

第 3 章第一部分研究了具有超线性非线性分数阶 Kirchhoff 方程

$$\begin{cases} M\left(\int_{R^N}\left|(-\Delta)^{\frac{\alpha}{2}}u\right|^2 \mathrm{d}x\right)(-\Delta)^\alpha u + \lambda V(x)u = f(x,u), x \in R^N \\ u \in H^\alpha(R^N), N \geqslant 1 \end{cases}$$

我们先考虑一类具临界指数的分数阶 Schrödinger 方程的非平凡的解和基态解以及解的集中现象，其中 $(-\Delta)^\alpha$ 是分数阶拉普拉斯，$\alpha \in (0,1)$，$2 \leqslant q \leqslant 2^*_{\alpha,s} = \frac{2(N-s)}{N-2\alpha} \leqslant 2^*_\alpha = \frac{2N}{N-2\alpha}$，$0 < s < 2\alpha$，$\lambda > 0$，$\kappa$ 和 β 是实参数，2^*_α 是分数阶的临界指数. 主要讨论函数 m 和 f 对解的数量的影响. 我们发现，当关于 m 和 f 的假设不同时，可以获得不同解的数量. 此外，我们还讨论了基态解的存在性.

第二部分考虑了具有临界非局部和消失能的薛定谔-泊松系统

$$\begin{cases} -\Delta u + V(x)u - l(x)\varphi|u|^3 u = \eta K(x)f(u), x \in R^3 \\ -\Delta \varphi = l(x)u^5, x \in R^3 \end{cases}$$

非平凡解的存在性，这里 $V(x)$，$K(x)$ 是正连续函数而且消失在无穷远，$l(x)$ 是一个有界函数，$\eta > 0$ 是一个参数. 当位势函数消失在无穷远时方程的正解问题，

这里的证明没有用到经典的（AR）条件，讨论了带有临界增长的非局部项解的存在性问题，给出了正解的存在性问题.

第四章第一部分考虑了如下拟线性 Choquard 型具奇异项薛定谔方程解的渐进性.

$$\begin{cases} -\Delta u + V(x)u - u\Delta u^2 + \lambda \left(I_\alpha * |u|^p \right) |u|^{p-2} u = K(x) u^{-\gamma}, x \in R^N \\ u > 0, x \in R^N \end{cases}$$

这里 I_α 是 Riez 能，$0 < \alpha < N, \dfrac{N+\alpha}{N} < p < \dfrac{N+\alpha}{N-2}$ 且 $\lambda > 0$. 在对 V, K 适当的条件假设下研究了方程的解的存在情况. 而且得到了在 $\lambda \to 0$ 时解的渐进性.

第二部分考虑下面的带有深井位势函数的基尔霍夫-薛定谔-泊松系统

$$\begin{cases} a + b\int_{R^3} \left(|\nabla u|^2 \, dx \right) \Delta u + \lambda V(x) u + \mu \phi(x) u = f(x, u) + h(x) |u|^\alpha, x \in R^3 \\ -\Delta \phi = u^2, x \in R^3 \end{cases} \quad (\text{KFS}_3)$$

这里 $a, b, \lambda > 0$ 是常数，$\mu > 0$ 且 $0 < \alpha < 1, f \in C(R^N \times R, R)$. 利用变分原理，我们克服由泊松项所引起的困难并且获得了系统 (KFS_3) 有两个不同的平凡解，而且研究了系统 (KFS_3) 的解的集中性获得了新的结论.

由于作者水平所限，书中难免存在疏漏，不妥之处，敬请读者批评指正.

作 者

2025 年 1 月

目 录
CONTENTS

第 1 章　预备知识 ········· 001
　1.1　基本知识与索伯列夫空间理论 ········· 002
　1.2　常用的几个不等式 ········· 004
　1.3　索伯列夫嵌入定理 ········· 007
　1.4　基本概念 ········· 008
　1.5　常用的变分定理 ········· 011
　1.6　若干符号和定义 ········· 014

第 2 章　分数阶薛定谔（Schrödinger）方程解的存在性与集中性研究 ········· 015
　2.1　分数阶 Schrödinger 方程的基态解与集中性 ········· 016
　2.2　分数阶 Kirchhoff 方程多解的存在性、集中性研究 ········· 031

第 3 章　分数阶基尔霍夫方程多解的存在性及集中性带有深井位势函数研究 ········· 049
　3.1　一类分数阶 Kirchhoff 方程非平凡解的多重性研究 ········· 051
　3.2　带有临界非局部项薛定谔-泊松系统的非平凡解的存在性研究 ········· 085

第 4 章　两类椭圆方程解的渐进性以及集中性的研究 ········· 101
　4.1　具有 Choquard 拟线性方程解的渐进性研究 ········· 102
　4.2　基尔霍夫-薛定谔-泊松系统多解的存在性及其集中性研究 ········· 111

参考文献 ········· 132

第 1 章

预备知识

本章主要介绍书中需要用到的索伯列夫（Sobolev）空间的一些基本理论和变分理论中常用的结论.

1.1 基本知识与索伯列夫空间理论

这一节主要介绍偏微分方程理论中常用的不等式，索伯列夫空间的一些常用的不等式和临界理论中的一些基本知识.

1.1.1 一些定义和常用的不等式

设 Ω 是 $\mathbf{R}^N$ 中有光滑边界的有界区域. 对 $u:\Omega\to\mathbf{R}$，记

$$\partial^\alpha u = \frac{\partial^{\alpha_1+\alpha_2+\cdots+\alpha_m}u}{\partial x_1^{\alpha_1}\partial x_2^{\alpha_2}\cdots\partial x_m^{\alpha_m}}$$

其中，$\alpha=(\alpha_1,\alpha_2,\cdots,\alpha_m)$. 又记 $|\alpha|=\alpha_1+\cdots+\alpha_m$.

设 $u\in L_{\mathrm{loc}}(\Omega)$，即 u 在 Ω 的每一紧子集上可积. 若有 $v\in L_{\mathrm{loc}}(\Omega)$ 使得

$$\int_\Omega u\partial^\alpha\phi\mathrm{d}x = (-1)^{|\alpha|}\int_\Omega v\phi\mathrm{d}x$$

对一切 $\phi\in L_{\mathrm{loc}}(\Omega)$ 都成立，则称 v 为 u 的 α-阶弱导数. 若 $u\in C^{|\alpha|}(\Omega)$，取 $v=\partial^\alpha u$，则由分部积分公式知上述的等式成立. 又记

$$W^k(\Omega) = \{u\in L_{\mathrm{loc}}(\Omega):\text{对}|\alpha|\leqslant k, u\text{ 有 }\alpha\text{-阶弱导数}\}.$$

定义 1.1.1 设 $k\in\mathbf{N}, p\geqslant 1$. 在线性空间

$$W^{k,p}(\Omega) = \{u\in W^k(\Omega):\text{对}|\alpha|\leqslant k, \partial^\alpha u\in L^p(\Omega)\}$$

赋予范数

$$\|u\|_{k,p} = \left(\sum_{|\alpha|\leqslant k}\int_\Omega|\partial^\alpha u|^p\mathrm{d}x\right)^{\frac{1}{p}}$$

则得到一个巴拿赫（Banach）空间. 称 $W^{k,p}(\Omega)$ 为 Sobolev 空间.

显然 $C_0^\infty(\Omega)\subset W^{k,p}(\Omega)$，将 $C_0^\infty(\Omega)$ 在 $W^{k,p}(\Omega)$ 中的闭包记为 $W_0^{k,p}(\Omega)$. 这是 $W^{k,p}(\Omega)$ 的闭子空间，也称为 Sobovlev 空间.

以下范数是 $W^{k,p}(\Omega)$ 上的等价范数

$$\|u\| = \sum_{|\alpha|\leqslant k} |\partial^\alpha u|_p$$

其中，$|*|_p$ 是 L_p-范数，即 $|u|_p = \left(\int_\Omega |u|^p \, \mathrm{d}x\right)^{\frac{1}{p}}$. 另外，在 $W_0^{k,p}(\Omega)$ 上可取如下等价范数：

$$\|u\| = |\nabla u|_p = \left(\int_\Omega |\nabla u|^p \, \mathrm{d}x\right)^{\frac{1}{p}}$$

当 $p>1$ 时，$W^{k,p}(\Omega)$ 是自反的. 因此，其中的每一有界序列均有弱收敛的子列.

当 $p=2$ 时，$W^{k,p}(\Omega)$ 是按 $\|u\| = \sum_{|\alpha|\leqslant k} |\partial^\alpha u|_p$ 定义的范数是希尔伯特（Hilbert）空间，相应的内积为

$$\langle u,v\rangle = \sum_{|\alpha|\leqslant k}\int_\Omega \partial^\alpha u \cdot \partial^\alpha v \mathrm{d}x.$$

此 Hilbert 空间又记为 $H^k(\Omega)$，即 $H^k(\Omega) = W^{k,2}(\Omega)$. 又记 $H_0^k(\Omega) = W_0^{k,2}(\Omega)$.

为介绍 Sobolev 空间的最重要的性质——嵌入定理，这里引入 Hölder 空间. 记

$$C^k(\overline{\Omega}) = \{u \in C^k(\Omega): \text{对} |\alpha|\leqslant k, \partial^\alpha u \text{ 在 } \Omega \text{ 上一致连续}\}$$

并在其上赋予范数

$$\|u\|_{C^k(\overline{\Omega})} = \sum_{|\alpha|\leqslant k} \sup_\Omega |\partial^\alpha u|$$

则 $C^k(\overline{\Omega})$ 称为一个 Banach 空间，称为 k-次连续可微函数空间. 由一致连续性，$C^k(\overline{\Omega})$ 中的函数 u 及其各阶偏导数可以唯一地连续延拓到 Ω 的边界上. 因而对给定的 u，上述范数是有限数. 这是 $C^k(\overline{\Omega})$ 与 $C^k(\Omega)$ 的区别.

若 $0<\alpha\leqslant 1$，称函数 $u: \Omega \to \mathbf{R}$ 满足指数为 α 的 Hölder 条件，若存在 $K>0$ 使对任意的 $x,y \in \Omega$ 有

$$|u(x)-u(y)| \leqslant K|x-y|^\alpha.$$

设 $k\geqslant 0, 0<\alpha<1$，记

$$C^{k,\alpha}(\overline{\Omega}) = \{u \in C^k(\Omega): 对 |\alpha| \leq k, \partial^\alpha u 满足指数为 \alpha 的 \text{Hölder} 条件\}$$

在 $C^{k,\alpha}(\overline{\Omega})$ 上赋予范数

$$\|u\|_{C^{k,\alpha}(\overline{\Omega})} = \|u\|_{C^k(\overline{\Omega})} + \max_{|\alpha|=k} \sup_{x,y \in \Omega, x \neq y} \frac{|\partial^\alpha u(x) - \partial^\alpha u(y)|}{|x-y|^\alpha}$$

后，它也称为一个 Banach 空间，称为 $k+\alpha$ 次 Hölder 连续函数空间. 当 $k=0$ 时，记 $C^\alpha(\overline{\Omega}) = C^{0,\alpha}(\overline{\Omega})$.

1.2 常用的几个不等式

1.2.1 赫尔德（Hölder）不等式

$$a_1 b_1 + \cdots + a_n b_n \leq (a_1^p + \cdots + a_n^p)^{\frac{1}{p}} (b_1^q + \cdots + b_n^q)^{\frac{1}{q}},$$

其中，$p \geq 1, q = \dfrac{p}{p-1}$ 称为 p 的共轭指数，它满足

$$\frac{1}{p} + \frac{1}{q} = 1$$

式（1.1）给出了几何平均数和算术平均数之间的关系

$$(a_1^{h_1} \cdot a_2^{h_2} \cdots a_n^{h_n})^{\frac{1}{h_1+h_2+\cdots+h_n}} \leq \frac{h_1 a_1 + h_2 a_2 + \cdots + h_n a_n}{h_1 + h_2 + \cdots + h_n} \tag{1.1}$$

其中，$h_1 > 0, h_2 > 0, \cdots, h_n > 0$.

1.2.2 杨（Young）不等式

当 $n=2, a_1 = a^p, a_2 = b^q, h_1 = \dfrac{1}{p}, h_2 = \dfrac{1}{q}$ 时，可以得到杨不等式

$$ab \leq \frac{a^p}{p} + \frac{b^q}{q}, p \geq 1, a > 0, b > 0, \frac{1}{p} + \frac{1}{q} = 1 \tag{1.2}$$

对任意的 $\varepsilon > 0$，在上述的不等式中以 $\varepsilon^{-\frac{1}{p}} a$ 代替 a，以 $\varepsilon^{-\frac{1}{p}} b$ 代替 b，得出内插不等式

$$ab \leqslant \frac{\varepsilon}{p}a^p + \frac{\varepsilon^{-\frac{1}{p-1}}b^q}{q} \leqslant \varepsilon a^p + \varepsilon^{-\frac{1}{p-1}}b^q \tag{1.3}$$

其中，$\varepsilon > 0, p \geqslant 1$.

1.2.3 积分形式的赫尔德（Hölder）不等式

对于 $u \in L^p(\Omega), \|u\|_p = \left(\int_\Omega |u|^p \, \mathrm{d}x\right)^{\frac{1}{p}}$，有下面的不等式

$$\int_\Omega uv \mathrm{d}x \leqslant \|u\|_p \|v\|_q, p \geqslant 1 \tag{1.4}$$

当 $p = 2$ 时，不等式（1.4）又被叫作施瓦茨（Schwarz）不等式.

证明 在不等式（1.2）中，令 $a = \dfrac{|u|}{\|u\|_p}, b = \dfrac{|v|}{\|v\|_q}$，然后在 Ω 上积分就能得到不等式（1.3）.

利用数学归纳法可以证明推广形式的 Hölder 不等式如下：

$$\int_\Omega u_1 u_2 \cdots u_n \mathrm{d}x \leqslant \|u_1\|_{p_1} \|u_2\|_{p_2} \cdots \|u_n\|_{p_n}$$

其中，$p_1 \geqslant 1, p_2 \geqslant 1, \cdots, p_n \geqslant 1$ 满足 $\dfrac{1}{p_1} + \dfrac{1}{p_2} + \cdots + \dfrac{1}{p_n} = 1$.

当 $p < q$ 时，由 $\dfrac{q-p}{q} + \dfrac{p}{q} = 1$，利用 Hölder 不等式得

$$\int_\Omega |u|^p \mathrm{d}x \leqslant \left(\int_\Omega 1 \mathrm{d}x\right)^{\frac{q-p}{q}} \left(\int_\Omega |u|^q \, \mathrm{d}x\right)^{\frac{p}{q}} = |\Omega|^{1-\frac{p}{q}} \left(\int_\Omega |u|^q \, \mathrm{d}x\right)^{\frac{p}{q}}$$

即

$$\|u\|_p \leqslant |\Omega|^{\frac{1}{p}-\frac{1}{q}} \|u\|_q, p \leqslant q$$

当 $p < q < r$ 且 $\dfrac{1}{q} = \dfrac{\lambda}{p} + \dfrac{1-\lambda}{r}$ 时，由 $1 = \dfrac{q\lambda}{p} + \dfrac{q(1-\lambda)}{r}$，利用 Hölder 不等式得

$$\int_\Omega |u|^q \mathrm{d}x = \int_\Omega |u|^{q\lambda} |u|^{q(1-\lambda)} \mathrm{d}x \leq \left(\int_\Omega |u|^p \mathrm{d}x\right)^{\frac{q\lambda}{p}} \left(\int_\Omega |u|^r \mathrm{d}x\right)^{\frac{q(1-\lambda)}{r}}$$

即

$$\|u\|_q \leq \|u\|_p^\lambda \|u\|_r^{1-\lambda}, p \leq q \leq r, \frac{1}{q} = \frac{\lambda}{p} + \frac{1-\lambda}{r} \tag{1.5}$$

在式（1.3）中取 $a = \|u\|_r^{1-\lambda}, b = \|u\|_p^\lambda, p = \dfrac{1}{1-\lambda}$ 得

$$\|u\|_p^\lambda \|u\|_r^{1-\lambda} \leq \varepsilon \|u\|_r + \varepsilon^{-\frac{1-\lambda}{\lambda}} \|u\|_p \tag{1.6}$$

把式（1.6）代入（1.5）得内插不等式

$$\|u\|_q \leq \varepsilon \|u\|_r + \varepsilon^{-\mu} \|u\|_p, p \leq q \leq r, \varepsilon > 0, \mu = \left(\frac{1}{p} - \frac{1}{q}\right)\left(\frac{1}{q} - \frac{1}{r}\right)^{-1} \tag{1.7}$$

1.2.4 明可夫斯基（Minkowski）不等式

对 $p \geq 1$ 有

$$\|u+v\|_p \leq \|u\|_p + \|v\|_p \tag{1.8}$$

证明 由式（1.1）有

$$|u+v|^p \leq 2^{p-1}(|u|^p + |v|^p)$$

因此，当 $u, v \in L^p(\Omega)$ 时，有 $u+v \in L^p(\Omega)$.

当 $p = 1$ 时，不等式显然成立.

当 $p > 1$ 时，由赫尔德不等式得出

$$\begin{aligned}
\int_\Omega |u+v|^p \mathrm{d}x &\leq \int_\Omega (|u|+|v|) |u+v|^{p-1} \mathrm{d}x \\
&\leq \int_\Omega |u| |u+v|^{p-1} \mathrm{d}x + \int_\Omega |v| |u+v|^{p-1} \mathrm{d}x \\
&\leq \left(\int_\Omega |u|^p \mathrm{d}x\right)^{\frac{1}{p}} \left(\int_\Omega |u+v|^p \mathrm{d}x\right)^{\frac{1}{q}} + \left(\int_\Omega |v|^p \mathrm{d}x\right)^{\frac{1}{p}} \left(\int_\Omega |u+v|^p \mathrm{d}x\right)^{\frac{1}{q}}
\end{aligned}$$

在这个不等式两端约去因子 $\left(\int_\Omega |u+v|^p \mathrm{d}x\right)^{\frac{1}{q}}$，得式（1.8）.

性质 1 $W^{k,p}(R^N) = W_0^{k,p}(R^N)$；$W^{0,p}(\Omega) = W_0^{0,p}(\Omega) = L^p(\Omega)$；如果 Ω 不

是全空间 R^N，则 $W_0^{k,p}(\Omega)$ 是 $W^{k,p}(\Omega)$ 的一个真子空间.

性质 2　$C^\infty(\Omega) \cap W^{k,p}(\Omega)$ 在 $W^{k,p}(\Omega)$ 中是稠密的.

性质 3　$W^{k,p}(\Omega)$ $(1<p<\infty)$ 中一集合为弱列紧（即从其中任一序列内都能抽出弱收敛的子序列）的充要条件是范数有界.

1.3　索伯列夫（Sobolev）嵌入定理

定义　如果存在有限锥 V，使得每一点 $x \in \Omega$ 是包含于 Ω 内且全等于 V 的有限锥 V_x 的顶点，则称区域 Ω 具有锥性质.

性质　设 Ω 是 R^N 中的区域（可能无界），$1 \leqslant p < \infty$.

（1）若 Ω 满足锥性质，当 $p = N$ 时，对任意的 $p \leqslant q < \infty$，有下式成立

$$W^{k,p}(\Omega) \hookrightarrow L^q(\Omega)$$

且对任意 $u \in W^{k,p}(\Omega)$，有

$$\|u\|_{L^q(\Omega)} \leqslant C(N,q,\Omega) \|u\|_{W^{1,p}(\Omega)}$$

（2）若 $\partial \Omega$ 适当光滑，当 $p > n$ 时，对任意的 $0 < \alpha \leqslant 1 - \dfrac{n}{p}$，有下式成立

$$W^{1,p}(\Omega) \hookrightarrow C^\alpha(\overline{\Omega})$$

且对任意 $u \in W^{1,p}(\Omega)$，有

$$\|u\|_{C^\alpha(\Omega)} \leqslant C(N,q,\Omega) \|u\|_{W^{1,p}(\Omega)}$$

式中，$\|u\|_{C^\alpha(\Omega)} = \|u\|_{0,\Omega} + [u]_{\alpha,\Omega}$，$\|u\|_{0,\Omega} = \sup\limits_{x \in \Omega} |u(x)|$，$[u]_{\alpha,\Omega} = \sup\limits_{x,y \in \Omega, x \neq y} \dfrac{|u(x)-u(y)|}{|x-y^\alpha|}$.

上述嵌入定理可简记为

$$W^{1,p} \hookrightarrow \begin{cases} L^q(\Omega), & p \leqslant q \leqslant p^* = \dfrac{np}{n-p}, kp < n \\ L^q(\Omega), & p \leqslant q < +\infty, kp = n \\ C^\alpha(\overline{\Omega}), & 0 < \alpha \leqslant 1 - \dfrac{n}{p}, kp > n \end{cases}$$

而且有下面的定理.

定理 1.3.1[4] （Sobolev 嵌入定理）设 Ω 为 R^N 中有界光滑区域，则有如下连续嵌入

$$W^{k,p} \hookrightarrow \begin{cases} L^q(\Omega), & 1 \leqslant q \leqslant \dfrac{np}{n-kp}, kp < n \\ L^q(\Omega), & 1 \leqslant q < +\infty, kp = n \\ C^\alpha(\bar{\Omega}), & 0 < \alpha \leqslant 1 - \dfrac{n}{kp}, kp > n \end{cases}$$

式中，$W^{k,p} = \{u \in W^k(\Omega) : |\alpha| \leqslant k, \partial^\alpha u \in L^p(\Omega)\}$，$W^k(\Omega) = \{u \in L_{loc}(\Omega) : |\alpha| \leqslant k\}$，$u$ 有 α 阶弱导数.

定理 1.3.2 （Sobolev 紧嵌入定理）设 $\Omega \subset R^N$ 是有界区域. $1 \leqslant p < \infty$.

（1）若 Ω 满足锥性质，则当 $p \leqslant N$ 时，下列嵌入是紧的：

$$W^{1,p}(\Omega) \hookrightarrow\hookrightarrow L^q(\Omega), 1 \leqslant q < p^* = \frac{Np}{N-p}, p < N$$

$$W^{1,p}(\Omega) \hookrightarrow\hookrightarrow L^q(\Omega), 1 \leqslant q < +\infty, p = N$$

（2）若 $\partial\Omega$ 适当光滑，则当 $p > N$ 时，下列嵌入是紧的：

$$W^{1,p}(\Omega) \hookrightarrow\hookrightarrow C^\alpha(\bar{\Omega}), 0 < \alpha < 1 - \frac{N}{p}$$

注：索伯列夫紧嵌入定理中的 $W^{1,p}(\Omega)$ 可以被替换为 $W_0^{1,p}(\Omega)$，结论仍然成立，且嵌入常数也不依赖于 Ω.

1.4 基本概念

定义 1.4.1[9] 设 $M \subset X$，X 是 Banach 空间，称 $f : M \to R$ 在 $x_0 \in M$ 是
（1）弱下半连续，若 $x_n \in M$，

$$x_n \xrightarrow{\text{弱}} x_0 \Rightarrow \liminf_{n \to \infty} f(x_n) \geqslant f(x_0)$$

（2）弱上半连续，若 $x_n \in M$，

$$x_n \xrightarrow{弱} x_0 \Rightarrow \limsup_{n\to\infty} f(x_n) \leqslant f(x_0)$$

（3）弱连续，若 $x_n \in M$，

$$x_n \xrightarrow{弱} x_0 \Rightarrow \lim_{n\to\infty} f(x_n) = f(x_0)$$

定义 1.4.2[2],[10]　设 X 是一个实的 Banach 空间且其对偶空间为 X^*，$I \in C^1(X,R)$，对任意的 $c \in R$.

（1）称 $\{x_n\} \subset X$ 是一个 Palais-Smale（简记为(PS)$_c$）序列，若当 $n \to +\infty$ 时，

$$I(x_n) \to c, I'(x_n) = 0$$

若每一个 (PS)$_c$ 序列都有 X 中强收敛的子序列，称 I 满足 (PS)$_c$ 条件.

若对 $\forall c \in R$，f 都满足 (PS)$_c$，则称 f 满足 (PS) 条件.

（2）称 $\{x_n\} \subset X$ 是一个 Cerami（记为(C)$_c$）序列，若当 $n \to +\infty$ 时，

$$I(x_n) \to c, \|I'(x_n)\|_* (1+\|x_n\|_X) \to 0, I' \in X^*$$

若每一个 (C)$_c$ 序列都有在 X 中强收敛的子序列，称满足 (C)$_c$ 条件.

定义 1.4.3[10]　设 Ω 是 R^N 中的可测集，$f: \Omega \times R^1 \to R^1$. 如果 f 满足：

（1）对几乎所有的 $x \in \Omega$，$f(x,u)$ 关于 u 是连续的；

（2）对每一个 u，$f(x,u)$ 是 x 的 Lebesgue 可测函数，称 f 满足 Caratheodory 条件.

定义 1.4.4[1]　任意 $u \in \wp$，$s \in (0,1)$，算子 $(-\Delta)^s$ 定义为

$$(-\Delta)^s u(x) = K_{N,s} P.V. \int_{R^N} \frac{u(x)-u(y)}{|x-y|^{N+2s}} dy$$

$$= K_{N,s} P.V. \lim_{\varepsilon\to 0} \int_{|x-y|>\varepsilon} \frac{u(x)-u(y)}{|x-y|^{N+2s}} dy$$

$x \in R^N$，P.V.表示积分主值意义.

$$K_{N,s} = \pi^{-\left(2s+\frac{N}{2}\right)} \frac{\Gamma\left(\frac{N}{2}+s\right)}{\Gamma(-s)}$$

表示定义在 R^N 上快速衰减的 $\wp^g$ 函数构成的空间.

定义 1.4.5[4]　设 Ω 是 R 中的一个区域，称边界 $\partial\Omega$ 具有 C^k 光滑性，记为

$\partial\Omega \in C^k$,如果对任意的 $x^0 \in \partial\Omega$,存在 x^0 的一个邻域 U 和一个属于 C^k 的可逆映射 $\psi: U \to B_1(0)$,使得

$$\psi(U \cap \Omega) = B_1^+(0) = \{y \in B_1(0); y_N > 0\}$$

$$\psi(U \cap \partial\Omega) = \partial B_1^+(0) \cap \{y \in R^N; y_N = 0\}$$

定义 1.4.6[4] 设 $\Omega \subset R^N$ 为一开集,$u \in L^1_{loc}(\Omega)$,如果存在 $g_i \in L^1_{loc}(\Omega)$,$1 \leq i \leq N$ 使得

$$\int_\Omega g_i \varphi \mathrm{d}x = -\int_\Omega u \frac{\partial \varphi}{\partial x_i} \mathrm{d}x, \forall \varphi \in C_0^\infty(\Omega)$$

则称 g_i 为 u 关于 x 的弱导数,记为 $\frac{\partial u}{\partial x_i} = g_i$,有时也记为

$$D_i u = g_i \text{ 或 } \partial u_i = g_i$$

定义 1.4.7[7] 称泛函 $f: M \to R$ 强制,若

$$\lim_{x \in M, \|x\| \to \infty} f(x) = +\infty$$

定义 1.4.8[11] (等度绝对连续可积函数列)我们称定义在 Ω 上的可积函数序列 $\{f_n\}$ 是等度绝对连续可积函数列. 若对任意的 $\varepsilon > 0$,存在一个 $\delta > 0$ 使得对任意的 $F \subseteq \Omega$ 且 $\mathrm{meas}(F) < \delta$ 时都有

$$\int_F |f_n(x)| \mathrm{d}x < \varepsilon, \forall n \in \mathbf{N}^+$$

定义 1.4.9[10] 设 X 是 Banach 空间,Q, Q_0, S 是 X 的闭子集,$Q_0 \subset Q$,称 (Q, Q_0) 与 S 环绕是指:

(1) $Q_0 \cap S = \varnothing$;

(2) 对任何连续映射 $\varphi: Q \to X$ 满足 $\varphi|_{Q_0} = id|_{Q_0}$ 都有

$$\varphi(\Omega) \cap S \neq \varnothing$$

定义 1.4.10[6] 设 (X, d) 是一距离空间,$f: X \to R$ 连续泛函. 称 $u \in X$ 是 f 的临界点,如果 $|\mathrm{d}f(u)| = 0$,称 c 为 f 的临界值,如果存在 f 的临界点 $u \in X$ 使得 $f(u) = c$.

1.5 常用的变分定理

定理 1.5.1[7] 设 $I \in C^1(E,E)$，E 为实 Banach 空间. 如果 I 有下界（上界）且满足 (PS) 条件，则

$$c = \inf_{x \in E} I(x), \left(c = \sup_{x \in E} I(x) \right)$$

是 I 的一个临界值.

定理 1.5.2[11] （法图引理）设 $E \subseteq R^q$ 为可测集，$\{f_n\}_{n=1}^{\infty}$ 为 E 上的一列非负可测函数，则

$$\int_E \liminf_{n \to \infty} f_n(x) \mathrm{d}x = \liminf_{n \to \infty} \int_E f_n(x) \mathrm{d}x$$

定理 1.5.3[4] （Gagliardo-Nirenberg 不等式）设 $1 < p,q,r < +\infty$，两整数 j,m 满足 $0 \leqslant j < m$. 假定

$$\frac{1}{p} = \frac{j}{N} + a\left(\frac{1}{r} - \frac{m}{N}\right) + \frac{1-a}{q}$$

其中，$a \in \left[\dfrac{1}{m}, 1\right]$（如果 $r > 1$ 且 $m - j - \dfrac{N}{r} = 0$ 取 $a < 1$）. 存在 $C = C(N,m,j,a,q,r)$，使得对任意 $u \in C_0^{\infty}(R^N)$，有下式成立

$$\sum_{|\alpha|=j} \|\partial^{\alpha} u\|_{L^p(R^N)} \leqslant C \left(\sum_{|\alpha|=m} \|\partial^{\alpha} u\|_{L^r(R^N)} \right)^a \|u\|_{L^q(R^N)}^{1-a}$$

定理 1.5.4[2] （Brezis-Lieb 引理）设 Ω 是 R^N 中的开子集，并假定 $\{u_n\} \subset L^p(\Omega)$，$1 < p < +\infty$. 如果 $\{u_n\}$ 在 $L^p(\Omega)$ 有界，且 $u_n \to u$ a.e 在 Ω 中成立，则有下式成立

$$\lim_{n \to \infty}(\|u_n\|_{L^p(\Omega)}^p - \|u_n - u\|_{L^p(\Omega)}^p) = \|u\|_{L^p(\Omega)}^p$$

定理 1.5.5[6] （鞍点定理）设 X 是 Banach 空间，$f \in C^1(X,R)$ 满足 (PS) 条件，$X = X^- \oplus X^+$. 若 $\dim X^- < \infty$ 且有 $R > 0$ 使得

$$\alpha = \inf_{u \in X^+} f > \sup_{u \in X^-, \|u\|=R} f(u)$$

则 f 有临界值 $c \geq \alpha, c \in \mathbf{R}$.

定理 1.5.6[6, 9]（Hardy-Littlewood-Sobolev 不等式）设

$$r > 1, 1 < p < q < \infty, 1 + \frac{1}{q} = \frac{1}{r} + \frac{1}{p}$$

则有下式成立

$$\| I_r f \|_{L^q(R^N)} \leq C_{p,q} \| f \|_{L^p(R^N)}$$

其中，$I_r f(x) = \int_{R^N} |x-y|^{-\frac{N}{r}} f(y) \mathrm{d}y$.

定理 1.5.7[7] 设 $f: X \to R$ 在局部极值点 u_0 可微，则 $f'(u_0) = 0$.

定理 1.5.8[7]（山路引理）设 X 是实 Banach 空间，$\Phi \in C^1(X,R)$ 满足 (PS) 条件，$\Phi(0)=0$，并且

（1）存在常数 $\rho, \alpha > 0$ 使得 $\Phi|_{\partial B_\rho} \geq \alpha$；

（2）存在 $e \in X \mid B_{\rho_1}$，使得 $\Phi(e) < 0$. 那么，泛函 Φ 存在一个临界值 $c \geq \alpha$，且

$$c = \inf_{\gamma \in \Gamma} \max_{t \in [0,1]} \Phi(\gamma(t))$$

其中，$\Gamma = \{\gamma \in C([0,1], X) \mid \gamma(0) = 0, \gamma(1) = e\}$.

该定理的另一种推广形式如下：

定理 1.5.9[8] 设 $(X, \|\cdot\|)$ 表示实的 Banach 空间，其对偶空间为 X^{-1}，泛函 $\Phi \in C^1(X,R)$，并且存在 $\alpha < \beta, \rho > 0$ 和 $e \in X, \|e\| > \rho$ 使得

$$\max\{\Phi(0), \Phi(e)\} \leq \alpha < \beta \leq \inf_{\|u\|=e} \Phi(u)$$

定义 c 如下：

$$c = \inf_{\gamma \in \Gamma} \max_{t \in [0,1]} \Phi(\gamma(t)) \geq 0$$

其中，$\Gamma = \{\gamma \in C([0,1], X) \mid \gamma(0) = 0, \gamma(1) = e\}$.

那么，存在一个序列 $\{u_n\} \subset X$ 使得当 $n \to \infty$ 时，
$$\Phi(u_n) \to c \geqslant \eta; (1+\|u_n\|)\|\Phi'(u_n)\|_{X^{-1}} \to 0$$

定理 1.5.10[8] （对称山路引理）设 X 是实 Banach 空间，$\Phi \in C^1(X,R)$ 是偶泛函，并且满足 (PS) 条件，$\Phi(0)=0$。如果 $X = Y \oplus Z$，其中 Y 是一个有限维子空间。

另外，Φ 还满足下列条件：

（1）存在常数 $\rho, \alpha > 0$ 使得 $\Phi|_{\partial B_\rho \cap Y} \geqslant \alpha$；

（2）对任意的有限维子空间 $W \subset X$，存在常数 $R = R(W)$，使得
$$\Phi(u) \leqslant 0, \forall u \in W \text{ 且 } \|u\| \geqslant R$$

那么，泛函 Φ 存在一列无界的临界值。

定理 1.5.11[2] （P.L.Lions, 1984）设 $r > 0, 2 \leqslant q < 2^*$。如果 $\{u_n\}$ 在 $H^1(R^N)$ 中有且满足
$$\sup_{y \in R^N} \int_{B(y,r)} |u_n|^q \to 0, n \to \infty$$

则 $u_n \to 0, u_n \in L^p(R^N)$，对于 $2 < p < 2^*$。

定理 1.5.12[4] （集中紧性原理）设 $1 < p < n, p^* = \dfrac{np}{n-p}$，$\Omega$ 是 R^N 中的一个有界区域，

其中，$\{u_n\}$ 是 $W_0^{1,p}(\Omega)$ 中的有界序列，在 Ω 外视 $u_k = 0$，$\{u_k\}$ 满足下列条件

$$\begin{cases} u_k \xrightarrow{弱} u, \text{在} W_0^{1,p}(R^N)\text{中}, \\ u_k \xrightarrow{弱} u, \text{在} L^{p^*}(R^N)\text{中}, \\ u_k \to u, \text{在} L^p(R^N)\text{中}, \\ u_k \to u, a,e \text{在} R^N\text{中}, \\ |Du_k|^p \xrightarrow{w} \mu, \\ |u_k|^{p^*} \xrightarrow{w} \nu. \end{cases}$$

其中，μ, ν 均为 R^N 上的有界 Lebesgue-Stieltjes 测度。那么

（1）存在最多可数的指标集 J，不同点的集合 $\{x_j\}_{j \in J} \subset R^N$ 及 $\{\nu_j\}_{j \in J} \subset (0, \infty)$，使得

$$\nu = |u|^{p^*} + \sum_{j \in J} \nu_j \delta_{x_j}$$

（2）存在 $\mu_j \geqslant S\nu_j^{\frac{p}{p^*}}$ 使得

$$\mu \geqslant |Du|^p + \sum_{j \in J} \mu_j \delta_{x_j}$$

其中，S 为 Sobolev 嵌入 $W_0^{1,p}(\Omega) \overset{c}{\longrightarrow} L^{p^*}(\Omega)$ 的最佳常数，即

$$S = \inf_{0 \neq u \in W_0^{1,p}(\Omega)} \frac{\|Du\|_p^p}{\|u\|_{p^*}^p}$$

1.6 若干符号和定义

$2_\alpha^* = \dfrac{2N}{N-2\alpha}, 0 < \alpha < 1, N \geqslant 3$ 是分数阶临界 Sobolev 指标.

字母 C（有时也用字母 $C_1, C_2, \cdots$）表示各种各样的常数.

$o(t)$ 表示当 $t \to 0$ 时 $\dfrac{o(t)}{t} \to 0$.

$H^\alpha(R^N)$ 表示通常的分数阶 Sobolev 空间，可以表示为 $H^\alpha(R^N) = \left\{ u \in L^2(R^N) : \iint_{R^{2N}} \dfrac{|u(x)-u(y)|}{|x-y|^{N+2\alpha}} dxdy + \int_{R^N} u^2 dx < \infty \right\}$.

$L^p(R^N)$ $(1 \leqslant p \leqslant \infty)$ 表示常用的 L^p 空间，其范数相应的定义为：

$\|u\|_{L^p(R^N)} = \left(\int_{R^N} |u|^p dx \right)^{\frac{1}{p}}$ $(1 \leqslant p < \infty)$； $p = 2$ 时， $\|u\|_{L^2(R^N)} = \left(\int_{R^N} |u|^2 dx \right)^{\frac{1}{2}}$；

$\|u\|_{L^\infty(\Omega)} = \underset{x \in \Omega}{\operatorname{ess\,sup}} |u(x)|$.

第 2 章

分数阶薛定谔（Schrödinger）方程解的存在性与集中性研究

本章主要考虑两类分数阶薛定谔（Schrödinger）方程.

（1）考虑一类具临界指数的分数阶 Schrödinger 方程

$$\begin{cases} (-\Delta)^\alpha u + \lambda V(x)u = \dfrac{\kappa |u|^{q-2} u}{|x|^s} + \beta |u|^{2^*_\alpha - 2} u \\ u \in H^\alpha(R^N), N \geqslant 3 \end{cases} \quad (2.1)$$

研究其非平凡解和基态解以及解的集中现象.

其中，$(-\Delta)^\alpha$ 是分数阶拉普拉斯，$\alpha \in (0,1)$；$2 \leqslant q \leqslant 2^*_{\alpha,s} = \dfrac{2(N-s)}{N-2\alpha} \leqslant 2^*_\alpha = \dfrac{2N}{N-2\alpha}$，$0 < s < 2\alpha$，$\lambda > 0$，$\kappa$ 和 β 是实参数，2^*_α 是分数阶的临界指数.

另外，假设位势函数 $V(x)$ 还满足下列条件：

（V_1）$V \in (R^N, R)$，并且在 R^N 上满足 $V(x) \geqslant 0$.

（V_2）存在正数 $b > 0$ 使得 $V_b := \{x \in R^N \mid V(x) < b\}$ 有有限测度.

（V_3）$\Omega = \text{int}\{V^+(0)\}$ 是非空的，并且 $\partial \Omega$ 光滑有界.

这种假设首次由 Bartsch 和 Wang 在研究非线性 Schödinger 时提出，能量函数 $V(x)$ 中的 V 满足条件（V_1）~（V_3）.V 被称作具有深度能且其被参数控制.

定义

$$N_\lambda = \{u \in E \setminus \{0\} : I'_\lambda(u)u = 0\}$$

则 N_λ 是一个 Nehari 流形相应于 I_λ.

（2）考虑一类带有 Hartree 型的分数阶 Kirchhoff 方程

$$\begin{cases} \left(a + b \displaystyle\int_{R^N} (-\Delta)^{\frac{\alpha}{2}} u \, dx \right)(-\Delta)^\alpha u + \lambda V(x)u = f(x,u) + \mu g(x) u^q, x \in R^N \\ u \in H^\alpha(R^N), N \geqslant 3 \end{cases}$$

在对 $V(x)$ 和 f 作一些简单的假设之后，得到了方程有两个不同的非平凡解，而且进一步讨论了多解的集中性问题，对于此问题也给出了无解情况的讨论.

2.1　分数阶 Schrödinger 方程的基态解与集中性

2.1.1　研究现状及主要结论

本节主要研究式（2.1）解的存在性和基态解以及解的集中现象，式（2.1）

第 2 章　分数阶薛定谔（Schrödinger）方程解的存在性与集中性研究

出现研究下列方程的驻波解分数阶的 Schrödinger 方程

$$i\partial_t \Psi + (-\Delta)^{\frac{\alpha}{2}} \Psi = f(x, \Psi), x \in R^N \tag{2.2}$$

准确地说，是寻找形式 $w(t,x) = e^{(-ict)} u(x)$ 的解，这里 c 是一个常数. 该方程出现在研究分数量子力学颗粒随机运动的 Levy 过程建模中参考[2]，分数阶 Laplacians 更多应用于运筹学中随机动力学系统模型及其应用. 例如，排队论、数学金融、风险评估. 更多的数学物理背景的应用的描述，可以参考文献[3, 10].

近些年，对于式（2.2）有大量的研究结果，特别是关于正解的存在性，多解，以及基态解和集中现象，可以参考文献[1, 5, 7, 8, 10-17]等.

受以上文献的启发，本节主要是考虑具临界指数和深度能的分数阶 Schrödinger 方程. 给出分数阶 Sobolev-Hardy 不等式，得到方程的非平凡解的存在和不存在的情形，并且讨论基态解的存在性和集中现象.

定理 2.1.1　（1）如果 $q=2$（即 $s=2a$），$\kappa \in (0, \bar{\kappa})$，（$V_1$）～（$V_3$）成立，则式（2.1）至少有一个非平凡的解.

（2）$\max\left\{\dfrac{N-s}{N-2\alpha}, \dfrac{2(2\alpha-s)}{N-2\alpha}\right\} \leq q < \dfrac{2(N-s)}{N-2\alpha}$ 以及（V_1）～（V_3）成立则式（2.1）至少有一个非平凡的解.

（3）$q = 2_\alpha^* = 2a$，Ω 关于原点为严格星形区域，且 $KC_{S,N} S_\alpha^{-1} + \beta S_\alpha^{-1} < 0$ 则式（2.1）没有非平凡的解.

定理 2.1.2　如果 $2 < q$ 和 $\max\left\{\dfrac{N-s}{N-2\alpha}, \dfrac{2(2\alpha-s)}{N-2\alpha}\right\} \leq q < \dfrac{2(N-s)}{N-2\alpha}$，$0 < s < 2\alpha$，以及（$V_1$）～（$V_3$）成立. 则式（2.1）至少有一个非平凡的解满足 $I_\lambda(\bar{u}) = \inf_{N_\lambda} I_\lambda(u)$.

定理 2.1.3　如果 $2 < q$ 和 $0 < s < 2\alpha$，$\max\left\{\dfrac{N-s}{N-2\alpha}, \dfrac{2(2\alpha-s)}{N-2\alpha}\right\} \leq q < \dfrac{2(N-s)}{N-2\alpha}$，$0 < s < 2\alpha$，以及（$V_1$）～（$V_3$）成立. 则分数阶 Schrödinger 方程（2.1）至少有一个非平凡的解 $u_\lambda \in H^\alpha(R^N)$ 而且对任意的序列 $\lambda_n \in (0, +\infty)$ 当 $\lambda_n \to +\infty$ 时，则存在一个子序列 $\{u_{\lambda_n}\}$ 和 $u_0 \in H^\alpha(R^N)$ 使得在 $H^\alpha(R^N)$ 上

$u_{\lambda_n} \to u_0$ 并且 u_0 是下列方程的解

$$\begin{cases} (-\Delta)^\alpha u = k\dfrac{|u|^{q-2}u}{|x|^\alpha} + \beta |u|^{2_\alpha^*-2} u, x \in \Omega \\ u = 0, x \in \Omega \end{cases} \quad (2.3)$$

附注 2.1.1 根据 Nezza 等（见文献[43]）和 Yafaev（见文献[69]），有

$$\int_{R^N} \frac{|u(x)|^2}{|x|^{2\alpha}} \mathrm{d}x \leqslant C_{\alpha,N} \int_{R^N} \left|(-\Delta)^{\frac{\alpha}{2}} u\right|^2 \mathrm{d}x$$

式中，$C_{\alpha,N} = 2^{-2\alpha} \pi^{-\alpha} \dfrac{\Gamma\left(\dfrac{N-2\alpha}{2}\right)}{\Gamma\left(\dfrac{N+2\alpha}{2}\right)} \left[\dfrac{\Gamma(N)}{\Gamma\left(\dfrac{2\alpha}{2}\right)}\right]^{\frac{2\alpha}{N}}$

2.1.2 预备知识

考虑下列分数阶 Sobolev 空间

$$H^\alpha(R^N) = \{u \in L^2(R^N) : [u]_{H^\alpha(R^N)} < \infty\}$$

式中，$[u]_{H^\alpha(R^N)}$ 表示 Gagliardo 半范数，即 $[u]_{H^\alpha(R)} = \left(\iint_{R^{2N}} \dfrac{|u(x)-u(y)|}{|x-y|^{N+2\alpha}} \mathrm{d}x\mathrm{d}y\right)^{\frac{1}{2}}$ 分数阶索伯列夫空间 $H^\alpha(R^N)$ 定义为

$$H^\alpha(R^N) = \left\{u \in L^2(R^N) : \iint_{R^{2N}} \frac{|u(x)-u(y)|}{|x-y|^{N+2\alpha}} \mathrm{d}x\mathrm{d}y + \int_{R^N} u^2 \mathrm{d}x < \infty\right\}$$

$H^\alpha(R^N)$ 赋予的范数为

$$\|u\|_{H^\alpha(R^N)} = [u]_{H^\alpha(R^N)} + \|u\|_{L^2(R^N)}$$

则 $H^\alpha(R^N)$ 是一个希尔伯特空间，具有内积

$$\langle u, v \rangle = \int_{R^N}\int_{R^N} \frac{(u(x)-u(y))(v(x)-v(y))}{|x-y|^{N+2\alpha}} \mathrm{d}x\mathrm{d}y + \int_{R^N} u(x)v(x)\mathrm{d}x$$

相应的范数 $\|u\|^2 = \langle u, u \rangle$，如果令

第 2 章 分数阶薛定谔（Schrödinger）方程解的存在性与集中性研究

$$E = \left\{ u \in D^\alpha(R^N) : \int_{R^N}\int_{R^N} \frac{|u(x)-u(y)|^2}{|x-y|^{N+2\alpha}} dxdy + \int_{R^N} V(x)u^2 dx < +\infty \right\}$$

则 E 是一个希尔伯特空间，具有下列内积

$$\langle u,v \rangle = \int_{R^N}\int_{R^N} \frac{(u(x)-u(y))(v(x)-u(y))}{|x-y|^{N+2\alpha}} dxdy + \int_{R^N} V(x)u(x)v(x)dx, u,v \in E$$

相应的范数 $\|u\|^2 = \langle u,u \rangle$，对于 $\lambda > 0$，定义

$$E_\lambda = \left\{ u \in D^\alpha(R^N) : \int_{R^N}\int_{R^N} \frac{|u(x)-u(y)|^2}{|x-y|^{N+2\alpha}} dxdy + \int_{R^N} \lambda V(x)u^2 dx < +\infty \right\}$$

也需要下列的内积

$$\langle u,v \rangle_\lambda = \int_{R^N}\int_{R^N} \frac{(u(x)-u(y))(v(x)-u(y))}{|x-y|^{N+2\alpha}} dxdy + \int_{R^N} \lambda V(x)u(x)v(x)dx, u,v \in E$$

和相应的范数 $\|u\|_\lambda = \langle u,u \rangle_\lambda$，利用 Nezza 等（见文献[70]）中的性质 3.6，有

$$[u]_{H^\alpha(R^N)} = \left\|(-\Delta)^{\frac{\alpha}{2}} u\right\|_{L^2(R^N)}$$ 对任意的 $u \in H^\alpha(R^N)$ ，

$$\iint_{R^{2N}} \frac{|u(x)-u(y)|^2}{|x-y|^{N+2\alpha}} dxdy = \int_{R^N} \left|(-\Delta)^{\frac{\alpha}{2}} u\right|^2 dx$$

几乎处处成立，因此

$$\iint_{R^{2N}} \frac{|u(x)-u(y)||v(x)-v(y)|}{|x-y|^{N+2\alpha}} dxdy = \int_{R^N} \left|(-\Delta)^{\frac{\alpha}{2}} u\right|\left|(-\Delta)^{\frac{\alpha}{2}} v\right| dx$$

问题（2.1）的一个弱解也是下列定义在 E_λ 上的能量泛函 $I_\lambda(u)$ 的一个临界点：

$$I_\lambda(u) = \frac{1}{2} \int_{R^N} \left(\left|(-\Delta)^{\frac{\alpha}{2}} u\right|^2 + \lambda V(x)u^2 \right) dx - \frac{k}{q} \int_{R^N} \frac{|u|^q}{|x|^\alpha} dx - \frac{\beta}{2_\alpha^*} \int_{R^N} |u|^{2_\alpha^*} dx \quad （2.4）$$

式中，$u \in H^\alpha(R^N)$，容易证明 I_λ 在 E_λ 上 $I_\lambda \in C^1(E_\lambda, R)$ 而且

$$\langle I_\lambda'(u), v \rangle = \int_{R^N} \left((-\Delta)^{\frac{\alpha}{2}} u (-\Delta)^{\frac{\alpha}{2}} v + \lambda V(x) uv \right) dx - k \int_{R^N} \frac{|u|^{q-2} uv}{|x|^\alpha} dx - \beta |u|^{2_\alpha^*-2} uv dx$$

$$（2.5）$$

定义 2.1.1[9]　一个函数 u 称为式（2.1）的基态解，则 u 在式（2.1）中所有非平凡解中具有最小能量.

引理 2.1.1[4]　对任意的 $p \in [2, 2_\alpha^*]$，$H^\alpha(R^N)$ 嵌入 $L^2(R^N)$ 是连续的，且对任意的 $p \in [2, 2_\alpha^*)$，$H^\alpha(R^N)$ 嵌入 $L^2(R^N)$ 是紧的.

2.1.3　主要结论的证明

引理 2.1.2　（分数阶 Sobolev-Hardy 不等式）假定 $2 \leqslant q \leqslant 2_{\alpha,s}^*$，则存在一个常数 C 使得对任意的 $u \in H^\alpha(R^N)$ 都有

$$\left(\int_{R^N} \frac{|u|^q}{|x|^s} dx \right)^{\frac{1}{q}} \leqslant C \left(\int_{R^N} \left| (-\Delta)^{\frac{\alpha}{2}} u \right|^2 dx \right)$$

证明　首先对于 $s = 0, s = 2a$，这个证明是平凡的，因为这仅仅只是一个 Sobolev-Hardy 不等式. $2 \leqslant 2_{\alpha,s}^* \leqslant 2_\alpha^*$ 时，有 $0 < s < 2a$，所以现在仅考虑 $0 < s < 2a$ 的情况. 利用 Sobolev-Hardy 和 Hölder 不等式以及附注 2.1.1，有

$$\left| \int_{R^N} \frac{|u|^{2_{\alpha,s}^*}}{|x|^s} dx \right| = \int_{R^N} \frac{|u|^{\frac{s}{\alpha}}}{|x|^s} u^{2_{\alpha,s}^* - \frac{s}{\alpha}} dx$$

$$\leqslant \left| \int_{R^N} \frac{|u|^2}{|x|^{2\alpha}} dx \right|^{\frac{s}{2\alpha}} \left(\int_{R^N} |u|^{\frac{2N}{N-2\alpha}} dx \right)^{\frac{2\alpha-s}{2\alpha}}$$

$$\leqslant C_{\alpha,N} \left(\int_{R^N} \left| (-\Delta)^{\frac{\alpha}{2}} u \right|^2 dx \right)^{\frac{s}{2\alpha}} S_\alpha^{-1} \left(\int_{R^N} (-\Delta)^{\frac{\alpha}{2}} u dx \right)^{\frac{2_\alpha^*}{2} \frac{2\varepsilon-s}{2\alpha}}$$

$$\leqslant C \left(\int_{R^N} \left| (-\Delta)^{\frac{\alpha}{2}} u \right|^2 dx \right)^{\frac{N-s}{N-2\alpha}} \tag{2.6}$$

式中，$S_\alpha = \inf\limits_{u \in H^\alpha(R^N)} \dfrac{\int_{R^N} \left| (-\Delta)^{\frac{\alpha}{2}} u \right|^2 dx}{\| u \|_{L^{2_\alpha^*}(R^N)}^2}$，$C = C_{\alpha,N} S_\alpha^{-1}$.

引理 2.1.3　如果 $\tilde{u}$ 是式（2.1）的一个非平凡的解，则存在一个正常数 $\bar{k}$ 和 $k \in (0, \bar{k})$，使得 $I_\lambda(\tilde{u}) > 0$.

证明　设 $\tilde{u}$ 是式（2.1）的一个非平凡的解，则

第2章 分数阶薛定谔（Schrödinger）方程解的存在性与集中性研究

$$\|\tilde{u}\|^2 - k\int_{R^N} \frac{|\tilde{u}|^q}{|x|^s} dx - \beta \int_{R^N} |\tilde{u}|^{2_\alpha^*} dx = 0$$

利用式（2.4），有

$$\begin{aligned} C &= I_\lambda(\tilde{u}) \\ &= \frac{1}{2}\|\tilde{u}\|_\lambda^2 - \frac{k}{q}\int_{R^N}\frac{|u|^q}{|x|^s}dx - \frac{\beta}{2_\alpha^*}\int_{R^N}|\tilde{u}|^{2_\alpha^*}dx \\ &= \left(\frac{1}{2} - \frac{1}{2\alpha}\right)\|\tilde{u}\|_\lambda^2 - \left(\frac{k}{q} - \frac{k}{2_\alpha^*}\right)\int_{R^N}\frac{|\tilde{u}|^q}{|x|^s}dx \\ &\geq \left(\frac{2_\alpha^* - 2}{22_\alpha^*}\right)\|\tilde{u}\|_\lambda^2 - k\left(\frac{2_\alpha^* - q}{q2_\alpha^*}\right)S_\alpha^{-1}C_{\alpha,N}\|\tilde{u}\|_\lambda^q \end{aligned}$$

因此存在 $k \in (0,\bar{k})$ 使得 $I_\lambda(\tilde{u}) > 0$. 证毕.

接下来，证明函数 I_λ 满足山路引理结构.

引理 2.1.4 函数 I_λ 满足下列条件：

（1）存在 $k \in (0,\bar{k})$, $\rho, m > 0$ 使得当 $\|u\|_\lambda = \rho$ 时，$I_\lambda > m$.

（2）存在 $e \in B_\rho(0), \|e\| < \rho$ 使得 $I_\lambda(e) < 0$.

证明 对于 $q = 2$，利用（2.6）和 Sobolev 不等式，有

$$\begin{aligned} I_\lambda(u) &= \frac{1}{2}\|u\|_\lambda^2 - \frac{\beta}{2_\alpha^*}\int_{R^N}|u|^{2_\alpha^*}dx - \frac{k}{2}\int_{R^N}\frac{|u|^2}{|x|^s}dx \\ &\geq \frac{1}{2}\left(1 - \frac{k}{\bar{k}}\right)\|u\|_\lambda^2 - C\|u\|_\lambda^{2_\alpha^*} \\ &\geq \left[\frac{1}{2}\left(1 - \frac{k}{\bar{k}}\right) - C\rho^{2_\alpha^* - 2}\right]\rho^2 > 0 \end{aligned}$$

对足够小的 ρ 成立.

对于 $2 < q \leq \frac{2(N-s)}{N-2\alpha}$,

$$I_\lambda(u) \geq \left[\frac{1}{2} - C_1\rho^{2_\alpha^* - 2} - C_2\rho^{q-2}\right]\rho^2 > 0$$

然而, 取 $u_1 \in C_0^\infty(R^N)$ 且 $u_1 \geq 0, u_1$ 不恒等于 0. 因此, 所以对任意的 $t > 0$,

$$I_\lambda(tu_1) = \frac{t^2}{2}\|u_1\|_\lambda^2 - \frac{\beta t^{2_\alpha^*}}{2_\alpha^*}\int_{R^N}|u_1|^{2_\alpha^*}dx - \frac{kt^q}{q}\int_{R^N}\frac{|u_1|^q}{|x|^s}dx \to -\infty$$

当 $t \to \infty$ 时上式成立. 让 $e = tu_1$ 对于足够大的 $t > 0$, 有 $I(e) < 0$.

证毕.

引理 2.1.5[16] 设 $\{u_n\} \subset H^\alpha(R^N)$, 使得当 $n \to \infty$ 时, $u_n \xrightarrow{\text{弱收敛}} u$, 在 $H^\alpha(R^N)$ 中 $\left|(-\Delta)^{\frac{\alpha}{2}}u\right| \to \mu$, 在 $M(R^N)$ 中 $|u_n| \xrightarrow{\text{弱星收敛}} v$. 在 $M(R^N)$ 中定义

$$\mu_\infty = \lim_{R\to\infty}\limsup_{n\to\infty}\int_{\{x\in R^N:|x|>R\}}\left|(-\Delta)^{\frac{\alpha}{2}}u_n\right|^2 dx$$

$$v_\infty = \lim_{R\to\infty}\limsup_{n\to\infty}\int_{\{x\in R^N:|x|>R\}}|u_n|^{2_\alpha^*}dx$$ 则 μ_∞ 和 v_∞ 满足下列结论:

$$\limsup_{n\to\infty}\int_{R^N}\left|(-\Delta)^{\frac{\alpha}{2}}u_n\right|^2 dx = \int_{R^N}d\mu + \mu_\infty \quad (\text{I})$$

$$\limsup_{n\to\infty}\int_{R^N}|u_n|^{2_\alpha^*}dx = \int_{R^N}dv + v_\infty \quad (\text{II})$$

引理 2.1.6[16] 设 $\{u_n\} \subset H^\alpha(R^N)$ 使得当 $n \to \infty$ 时, $u_n \xrightarrow{\text{弱收敛}} u$, 在 $H^\alpha(R^N)$ 中 $\left|(-\Delta)^{\frac{\alpha}{2}}u\right| \to \mu$, 在 $M(R^N)$ 中, $|u_n| \xrightarrow{\text{弱星收敛}} v$. 在 $M(R^N)$ 中定义

$$\mu_\infty = \lim_{R\to\infty}\limsup_{n\to\infty}\int_{\{x\in R^N:|x|>R\}}\left|(-\Delta)^{\frac{\alpha}{2}}u_n\right|^2 dx.$$

$$v_\infty = \lim_{R\to\infty}\limsup_{n\to\infty}\int_{\{x\in R^N:|x|>R\}}|u_n|^{2_\alpha^*}dx$$ 则对任意的 $i \in J$,

$$v_i \leq (S_\alpha^{-1}\mu(\{x_i\}))^{\frac{2_\alpha^*}{2}} \quad (\text{III})$$

且

$$v_\infty \leq (S_\alpha^{-1}\mu_\infty)^{\frac{2_\alpha^*}{2}} \quad (\text{IV})$$

式中, S_α 是 Sobolev 最佳嵌入常数 $H^\alpha(R^N) \hookrightarrow L^{2_\alpha^*}(R^N)$.

引理 2.1.7 如果 (V$_1$) ~ (V$_3$) 成立, 则 $I_\lambda(u)$ 满足 (PS) 条件.

证明 设 $\{u_n\}$ 是一个 (PS)$_c$ 序列则

第 2 章 分数阶薛定谔（Schrödinger）方程解的存在性与集中性研究

$$I_\lambda(u) = \frac{1}{2}\int_{R^N}\left(\left|(-\Delta)^{\frac{\alpha}{2}}u_n\right|^2 + \lambda V(x)u_n^2\right)dx - \frac{\beta}{2_\alpha^*}\int_{R^N}|u_n|^{2_\alpha^*}dx - \frac{q}{k}\int_{R^N}\frac{|u_n|^q}{|x|^s}dx = o(1) + C$$

（2.7）

$$\langle I_\lambda'(u_n), u_n\rangle = \int_{R^N}\left(\left|(-\Delta)^{\frac{\alpha}{2}}u_n\right|^2 + \lambda V(x)u_n^2\right)dx - \beta\int_{R^N}|u_n|^{2_\alpha^*}dx - k\int_{R^N}\frac{|u_n|^q}{|x|^s}dx \quad (2.8)$$

联合式（2.5）和式（2.6），得

$$o(1) + c \geq I_\lambda(u_n) - \frac{1}{2_\alpha^*}\langle I_\lambda'(u_n), u_n\rangle$$

$$= \frac{q-2}{2q}\|u_n\|_\lambda^2 + \beta\left(\frac{2_\alpha^* - q}{q2_\alpha^*}\right)\int_{R^N}|u_n|^{2_\alpha^*}dx$$

$$\geq \frac{q-2}{2q}\|u_n\|_\lambda^2$$

得序列 $\{u_n\}$ 有界. 则存在一个子序列，不妨仍用 $\{u_n\}$ 表示，使得 $u_n \xrightarrow{弱} u$，在 $H^\alpha(R^N)$ 中 $\left|(-\Delta)^{\frac{\alpha}{2}}u\right| \to \mu$，在 M^+ 中，$|u_n| \xrightarrow{弱星收敛} \nu$. 这里，$M^+$ 表示若当测度的一个正有限锥. 设 x_j 是测度 μ 和 ν 一个单点. 定义一个函数 $\phi(x) \in C_0^\infty$ 使得在 $B(x_j, \varepsilon)$ 上 $\phi(x) = 1$，在 $B(x_j, 2\varepsilon)^c$ 上 $\phi(x) = 0$. 则在 $H^\alpha(R^N)$ 中 $\{\phi u_n\}$ 有界. 利用式（2.8），得到 $\langle I_\lambda'(u_n), u_n\rangle \to 0$，而且

$$\lim_{n\to\infty}\int_{R^N}\left((-\Delta)^{\frac{\alpha}{2}}u_n(-\Delta)^{\frac{\alpha}{2}}(\phi u_n)\right)dx + \int_{R^N}\lambda V(x)u_n^2\phi dx = \beta\int_{R^N}\phi d\nu + k\int_{R^N}\frac{|u_n|^q}{|x|^s}dx$$

（2.9）

由式（2.7），有

$$\int_{R^N}(-\Delta)^{\frac{\alpha}{2}}u_n(-\Delta)^{\frac{\alpha}{2}}(u_n\phi)dx$$

$$= \iint_{R^{2N}}\frac{(u_n(x) - u_n(y))(u_n(x)\phi(x) - u_n(x)\phi(y) + u_n(x)\phi(y) - u_n(y)\phi(y))}{|x-y|^{N+2\alpha}}dxdy$$

$$= \iint_{R^{2N}}\frac{(u_n(x) - u_n(y))^2\phi(y)}{|x-y|^{N+2\alpha}}dxdy + \iint_{R^{2N}}\frac{(u_n(x) - u_n(y))(\phi(x) - \phi(y))u_n(x)}{|x-y|^{N+2\alpha}}dxdy$$

容易证明 $\iint_{R^{2N}} \dfrac{(u_n(x)-u_n(y))^2 \phi(y)}{|x-y|^{N+2\alpha}} \mathrm{d}x\mathrm{d}y \to \int_{R^N} \phi \mathrm{d}\mu$

当 $\varepsilon \to 0$ 时，且 $\int_{R^N} \phi \mathrm{d}\mu \to \mu_i$。类似在文献[16]中的证明，得

$$\lim_{\varepsilon \to 0} \lim_{n \to \infty} \iint_{R^N} \dfrac{(u_n(x)-u_n(y)(\phi(x)-\phi(y)))u_n(x)}{|x-y|^{N+2\alpha}} \mathrm{d}x\mathrm{d}y = 0$$

利用 Hölder 不等式，有

$$\lim_{\varepsilon \to 0} \int_{R^N} V(x) u_n^2 \phi \mathrm{d}x \leqslant C \left(\int_{B(x_j,\varepsilon)} |\phi|^{\frac{N}{2\alpha}} \mathrm{d}x \right)^{\frac{2\alpha}{N}} \left(\int_{B(x_j,\varepsilon)} \left| u^{\frac{2N}{N-2\alpha}} \right| \mathrm{d}x \right)^{\frac{N-2\alpha}{N}}$$

$$\leqslant C \left(\int_{B(x_j,\varepsilon)} |u|^{\frac{2N}{N-2\alpha}} \mathrm{d}x \right) \to 0, (\varepsilon \to 0)$$

所以

$$0 = \lim_{\varepsilon \to 0} \left(\beta \int_{R^N} \phi \mathrm{d}v + k \int_{R^N} \dfrac{|u_n|^q}{|x|^s} \phi \mathrm{d}x - \int_{R^N} (-\Delta)^{\frac{\alpha}{2}} u_n (-\Delta)^{\frac{\alpha}{2}} (\phi u_n) \mathrm{d}x \right) -$$

$$\int_{R^N} V(x) u_n^2 \phi \mathrm{d}x = \beta v_j - \mu_j$$

因为 $\int_{R^N} \dfrac{|u_n|^q}{|x|^s} \phi \mathrm{d}x$ 弱连续，联合引理 2.1.6（Ⅲ），有

① $v_j = 0$ 或者 ② $v_j \geqslant (\beta^{-1} S_\alpha)^{\frac{N}{2\alpha}}$，现在定义 $\phi_R \in C^\infty(R^N,[0,1])$ 使得在 B_R 中 $\phi_R(x) \equiv 0$，在 B_{2R}^C 中，$\phi_R = 1$，且当 $R \to \infty$ 时，$|\varphi_R| \leqslant 1$ 成立

$$\beta \int_{R^N} \phi_R \mathrm{d}v_\infty + k \int_{R^N} \dfrac{|u_n|^q}{|x|^s} \phi_R \mathrm{d}x$$

$$= \lim_{n \to \infty} \int_{R^N} \left| (-\Delta)^{\frac{\alpha}{2}} u_n \right| \left| (-\Delta)^{\frac{\alpha}{2}} (\phi_R u_n) \right| \mathrm{d}x \int_{R^N} V(x) u_n^2 \phi_R \mathrm{d}x$$

$$= \int_{R^N} \phi_R \mathrm{d}\mu_\infty + \int_{R^N} V(x) u_n^2 \phi_R \mathrm{d}x$$

由 Hölder 不等式，$\{u_n\}$ 在 $H^\alpha(R^N)$ 中有界，和 $\int_{R^N} \dfrac{|u_n|^q}{|x|^s} \mathrm{d}x$ 的弱连续性，得到 $\beta v_\infty = \mu_\infty$。所以从引理 2.1.6（Ⅳ）推出

③ $v_\infty = 0$ 或者 ④ $v_\infty \geqslant (\beta^{-1} \alpha_s)^{\frac{N}{2\alpha}}$

现在声称，如果适当地选择 λ, β，则②和④不会发生. 事实上，从范数的下半弱连续性和当 $x \to \infty$ 时的 $\int_{R^N} \frac{|u_n|^q}{|x|^s} dx$ 的连续性，有

$$0 > \lim_{x \leftarrow \infty} \lim_{n \to \infty} \left(I_\lambda(u_n) - \frac{1}{2^*_\alpha} \langle I'_\lambda(u_n), u_n \rangle \right)$$

$$= \lim_{n \to \infty} \left(\frac{1}{2} - \frac{1}{2^*_\alpha} \right) \int_{R^N} \left| (-\Delta)^{\frac{\alpha}{2}} u_n \right|^2 dx - k \left(\frac{1}{q} - \frac{1}{2^*_\alpha} \right) \int_{R^N} \frac{|u_n|^q}{|x|^s} dx$$

$$\geq \left(\frac{1}{2} - \frac{1}{2^*_\alpha} \right) \int_{R^N} \left| (-\Delta)^{\frac{\alpha}{2}} u \right|^2 dx - k \left(\frac{1}{q} - \frac{1}{2^*_\alpha} \right) C_{S,N} S_\alpha \left| \int_{R^N} \left| (-\Delta)^{\frac{\alpha}{2}} u \right|^2 dx \right|^q$$

则 $[u]^q_\alpha \leq Ck^{\frac{q}{2-q}}$

即 $0 > \lim_{x \leftarrow \infty} \lim_{n \to \infty} \left(I_\lambda(u_n) - \frac{1}{2^*_\alpha} \langle I'_\lambda(u_n), u_n \rangle \right)$

$$= \lim_{n \to \infty} \left(\frac{1}{2} - \frac{1}{2^*_\alpha} \right) \int_{R^N} \left| (-\Delta)^{\frac{\alpha}{2}} u_n \right|^2 dx - k \left(\frac{1}{q} - \frac{1}{2^*_\alpha} \right) \int_{R^N} \frac{|u_n|^q}{|x|^s} dx$$

$$\geq \left(\frac{1}{2} - \frac{1}{2^*_\alpha} \right) \int_{R^N} \left| (-\Delta)^{\frac{\alpha}{2}} u \right|^2 dx - k \left(\frac{1}{q} - \frac{1}{2^*_\alpha} \right) C_{S,N} S_\alpha \left| \int_{R^N} \left| (-\Delta)^{\frac{\alpha}{2}} u \right|^2 dx \right|^q$$

$$\geq \frac{2^*_\alpha - 2}{2 \cdot 2^*_\alpha} v_\infty - Ck^{\frac{q}{2-q}} \geq \frac{2^*_\alpha - 2}{2 \cdot 2^*_\alpha} (\beta^{-1} S_\alpha)^{\frac{N}{2\alpha}} - Ck^{\frac{q}{2-q}} \quad (2.10)$$

然而，如果 $k > 0$ 被给定，能够选择足够小的 $\beta > 0$，对任意的 $0 < \beta < \beta_0$，则由式（2.10）最后项的右边项是大于 0，得出矛盾. 类似地，可证明②不能发生.

截至目前，证明了 $\lim_{n \to \infty} \int_{R^N} |u_n|^{2^*_\alpha} dx = \int_{R^N} |u|^{2^*_\alpha} dx$.

利用 Brezis-Lieb 引理和 F 的弱连续性.

$$o(1) \|u_n\| = \|u_n\|^2_\lambda - \beta |u_n|^{2^*_\alpha} dx - k \int_{R^N} \frac{|u_n|^q}{|x|^s} dx$$

$$= \|u_n - u\|^2_\lambda - \|u\|^2_\lambda - \beta \int_{R^N} |u|^{2^*_\alpha} dx - k \int_{R^N} \frac{|u|^q}{|x|^s} dx$$

$$= \|u_n - u\|^2_\lambda + o(1) \|u\|_\lambda$$

因为 $I'_\lambda(u)=0$，这样得到了在 $H^\alpha(R^N)$ 中 $\{u_n\}$ 强收敛于 u.
证毕.

2.1.4 定理 2.1.1 的证明

核对引理 2.1.4 和引理 2.1.7，$I_\lambda(u)$ 满足山路引理的假设，这样完成了定理 2.1.1（1），（2）的证明.

下面对定理 2.1.1 的（3）进行证明.

采用反证法，u 是式（2.1）的一个解，则有

$$0=\langle I'_\lambda(u),u\rangle=\int_{R^N}\left|(-\Delta)^{\frac{\alpha}{2}}u\right|^2\mathrm{d}x+\int_{R^N}\lambda V(x)u^2\mathrm{d}x-k\int_{R^N}\frac{|u|^q}{|x|^s}\mathrm{d}x-\beta\int_{R^N}|u|^{2^*_\alpha}\mathrm{d}x$$

利用附注 2.1.1 和分数阶 Hardy 不等式，有

$$0=\langle I'_\lambda(u),u\rangle=\int_{R^N}\left|(-\Delta)^{\frac{\alpha}{2}}u\right|^2\mathrm{d}x+\int_{R^N}\lambda V(x)u^2\mathrm{d}x-(kC_{S,N}S_\alpha^{-1}+\beta S_\alpha^{-1})\int_{R^N}|u|^{2^*_\alpha}\mathrm{d}x$$

因为 $kC_{S,N}S_\alpha^{-1}+\beta S_\alpha^{-1}<0$

矛盾.
证毕.

引理 2.1.8 对任意的 $u\in N_\lambda$，则对任意的 $t\in[0,+\infty)$，都有 $I_\lambda(u)\geqslant I_\lambda(tu)$ 成立.

证明 对于 $u\in N_\lambda$，有 $\|u\|_\lambda^2=k\int\frac{|u|^q}{|x|^s}\mathrm{d}x+\beta\int_{R^N}|u|^{2^*_\alpha}\mathrm{d}x$ 用式（2.2）~式（2.4），有

$$I_\lambda(u)=\left(\frac{k}{2}-\frac{k}{q}\right)\int_{R^N}\frac{|u|^q}{|x|^s}\mathrm{d}x+\beta\left(\frac{1}{2}-\frac{1}{2^*_\alpha}\right)\int_{R^N}|u|^{2^*_\alpha}\mathrm{d}x \quad (2.9)$$

$$I_\lambda(tu)=\left(\frac{kt^2}{2}-\frac{kt^q}{q}\right)\int_{R^N}\frac{|u|^q}{|x|^s}\mathrm{d}x+\beta\left(\frac{t^2}{2}-\frac{t^{2^*_\alpha}}{2^*_\alpha}\right)\int_{R^N}|u|^{2^*_\alpha}\mathrm{d}x \quad (2.10)$$

利用式（2.9）和式（2.10），得

$$I_\lambda(u)-I_\lambda(tu)=k\left(\frac{1-t^2}{2}+\frac{t^q-1}{q}\right)\int_{R^N}\frac{|u|^q}{|x|^s}\mathrm{d}x+\beta\left(\frac{1-t^2}{2}+\frac{t^{2^*_\alpha}-1}{2^*_\alpha}\right)\int_{R^N}|u|^{2^*_\alpha}\mathrm{d}x$$

观察到

$$g(t) := \frac{1-t^2}{2} + \frac{t^k-1}{k} \geq 0, \quad \forall t \in [0,\infty), k \in \{q, 2_\alpha^*\}$$

证毕.

引理 2.1.9 对任意的 $u \in E_\lambda \setminus \{0\}$,存在唯一的一个 $t > 0$ 使得 $tu \in N_\lambda$,而且 $I_\lambda(tu) = \max\limits_{t \geq 0} I_\lambda(tu)$

证明 设 $u \in E_\lambda \setminus \{0\}$ 是一个确定的值,定义函数对任意的 $t > 0$ 都有 $g(t) = I_\lambda(tu)$. 容易证明 $g(0) = 0$,利用引理 2.1.2 当足够小的 $t > 0$ 时,有 $g(t) > 0$. 而且应用类似于引理 2.1.2 的证明,容易看到对足够大的 t 时,有 $g(t) < 0$,所以 $\max\limits_{t \geq 0} I_\lambda(tu)$ 存在且当 $t > 0$ 时是可达的. 这样得到 $g(t) = 0$,即

$$I'_\lambda(tu) = t\|u\|_\lambda^2 - t^{q-1}k\left(\int_{R^N} \frac{|u|^q}{|x||x|^s}dx\right)^2 - \beta t^{2_\alpha^*-1}\int_{R^N}|u|^{2_\alpha^*}dx = 0 \quad (2.11)$$

这蕴含 $tu \in N_\lambda$,因此得

$$\|u\|_\lambda^2 = t^{q-2}k\int_{R^N}\frac{|u|^q}{|x|^s}dx + \beta t^{2_\alpha^*}\int_{R^N}|u|^{2_\alpha^*}dx \quad (2.12)$$

式(2.9)右边对 $t > 0$ 是严格增的. 因此从式(2.12)推出存在唯一的 $t_0 > 0$,使得 $t_0 u \in N_\lambda, I_\lambda(t_0 u) = \max\limits_{t \geq 0} I_\lambda(t_0 u)$.

证毕.

定义

$$c = \inf_{\eta \in \Gamma}\sup_{t \in [0,1]}I_\lambda(\eta(t)), c^* = \inf_{u \in N_\lambda}I_\lambda(u), c^{**} = \inf_{u \in E_\lambda \setminus \{0\}}\sup_{t \geq 0}I_\lambda(tu) \quad (2.13)$$

式中 u 由引理 2.1.9 所给,满足

$$\Gamma = \{\eta \in ([0,1], X) \mid \eta(0) = 0, I_\lambda(\eta(1)) \leq 0, \eta(1) \neq 0\}$$

引理 2.1.10 $c = c^* = c^{**}$

证明 这个证明是标准的. 从引理 2.1.9 推出 $c^* = c^{**}$. 注意到对任意的 $v \in E_\lambda \setminus \{0\}$,存在足够大的 $t_0 > 0$ 使得 $I_\lambda(tv) < 0$. 能够定义一个路径 $\gamma(t) = tv$,很清楚地看到,Y G Γ 且推出 $c \leq c^* = c^{**}$. 展示 $c^* \leq c$. 利用式(2.5)和引理

2.1.9 得

$$\langle I'_\lambda(u),u\rangle = \int_{R^N}\left[\left|(-\Delta)^{\frac{\alpha}{2}}u\right|^2 + \lambda V(x)u^2\right]dx - k\int_{R^N}\frac{|u|^q}{|x|^s}dx - \beta\int_{R^N}|u|^{2^*_\alpha}dx$$

$$\geq \left(1-\frac{k}{\tilde{\gamma}}\right)\|u\|_\lambda^2 - C\|u\|_\lambda^{2^*_\alpha}$$

因为，当 $\|u\| \to 0$ 时，$\int_{R^N}\left(\left|(-\Delta)^{\frac{\alpha}{2}}u\right|^2 + V(x)u^2\right)dx \to 0$. 从式（2.10 推出对非零的 u 当 $\|u\|$ 足够小时，$\langle I'(u),u\rangle > 0$ 这样从引理 3.3.1 知，对 $\|u\|$ 足够小，得

$$\int_{R^N}\left|(-\Delta)^{\frac{\alpha}{2}}u\right|^2 + \lambda V(x)u^2 dx > \frac{1}{2}\int_{R^N}|u|^{2^*_\alpha}dx \qquad (2.14)$$

事实上，任意在 Γ 中的路径穿过 N. 否则，由 $Y(t)$ 的连续性，不等式（2.14）仍然对每一个非零的 $\gamma(t), t\in[0,1]$ 成立，所以

$$I_\lambda(\gamma(1)) = \frac{1}{2}\int_{R^N}\left(\left|(-\Delta)^{\frac{\alpha}{2}}\gamma(1)\right|^2 + \lambda V(x)\gamma(1)^2\right)dx - \frac{k}{q}\int_{R^N}\frac{|\gamma(1)|^q}{|x|^s}dx - \frac{\beta}{2^*_\alpha}\int_{R^N}|\gamma(1)|^{2^*_\alpha}dx$$

$$> \left(\frac{q-2}{4q} + \frac{\beta 2^*_\alpha - \beta q}{q 2^*_\alpha}\right)\int_{R^N}|\gamma(1)|^{2^*_\alpha}dx > 0$$

则与 $\gamma(1)$ 的定义矛盾. 因此对每一个路径 $\gamma(t)\in\Gamma$ 穿过 N_λ 都有 $c^* \leqslant c$.
证毕.

2.1.5 定理 2.1.2 的证明

从引理 2.1.8 和引理 2.1.10 知，仅需要证明 c 是可达的，对 $u\in N_\lambda$. 设 $\{u_n\}\subset E_\lambda \cap N_\lambda$ 是 I_λ 的极小化序列，有

$$c+1 \geqslant I_\lambda(u_n) - \frac{1}{q}\langle I'_\lambda(u_n),u_n\rangle$$

$$= \left(\frac{1}{2}-\frac{1}{q}\right)\|u_n\|_\lambda^2 + \left(\frac{1}{q}-\frac{1}{2^*_\alpha}\right)\beta\int_{R^N}|u_n|^{2^*_\alpha}dx \geqslant \left(\frac{1}{2}-\frac{1}{q}\right)\|u_n\|_\lambda^2$$

所以，$\{u_n\}$ 在 $E_\lambda \cap N_\lambda$ 中有界. 利用嵌入紧性引理，有

$$E_\lambda \hookrightarrow\hookrightarrow L_{\text{loc}}^s(R^N),[2,2_\alpha^*)$$

因此，能取一个子序列，假定存在一个函数 $u \in E_\lambda$ 使得

$u_n \xrightarrow{\text{弱}} u_1$，在 E_λ 中，$u_n \to u_1$ 在 $L_{\text{loc}}^s(R^N)$ 中，$\forall s \in [2, 2_\alpha^*)$ $u_n \to u_1, a.e$ 在 R^N 上

利用法图引理

$$\begin{aligned}
c &= \lim_{n \leftarrow \infty} \left(I_\lambda(u_n) - \frac{1}{q} \langle I_\lambda'(u_n), u_n \rangle \right) \\
&\geq \liminf_{n \leftarrow \infty} \left(I_\lambda(u_n) - \frac{1}{4} \langle I_\lambda'(u_n), u_n \rangle \right) \\
&= \left(\frac{1}{2} - \frac{1}{q} \right) \int_{R^N} \left((-\Delta)^{\frac{\alpha}{2}} u + \lambda V(x) |u|^2 \right) dx + \left(\frac{1}{q} - \frac{1}{2_\alpha^*} \right) \beta \int_{R^N} |u|^{2_\alpha^*} dx \\
&= I_\lambda(u) - \frac{1}{q} \langle I_\lambda'(u), u \rangle = c
\end{aligned}$$

这蕴含着 $I_\lambda(u) = c$. 因此，存在一个 u 是式（2.1）的基态解，即 $\overline{u}$ 是一个最小能量的非平凡的解且满足 $I_\lambda(\overline{u}) = \inf_{N_\lambda} I_\lambda(u)$.

证毕.

2.1.6 定理 2.1.3 的证明

对任意的序列 $\lambda_n \to \infty$，设 $u_n := u_{\lambda_n}$ 是能量泛函 I_λ 在定理 2.1.1 中的临界点，因为

$$c = I_{\lambda_n}(u_n) \geq \left(\frac{2-q}{2q} \right) \|u_n\|_{\lambda_n}^2 \quad (2.15)$$

有 $\|u_n\|_{\lambda_n} \leq C_0$，这里 C_0 与 λ_0 无关. 所以有 $u_n \xrightarrow{\text{弱}} u_1$，在 E_λ 中，$u_n \to u_1$ 在 $L_{\text{loc}}^s(R^N)$ 中，$\forall s \in [2, 2_\alpha^*)$，$u_n \to u_1, a.e$ 在 R^N 上，利用法图引理，有

$$\int_{R^N} V(x) u_0^2 dx \leq \liminf_{n \to \infty} \int_{R^N} V(x) u_n^2 dx \leq \liminf_{n \to \infty} \frac{\|u_n\|_{\lambda_n}^2}{\lambda_n} = 0$$

这里蕴含 $u_0 = 0$ 在 $R^N \setminus V^{-1}(0)$ 中几乎处处成立，且利用 (V_3) 有 $u_0 \in H^\alpha(R^N)$.

对任意的 $\varphi \in C_0^\infty(\Omega)$，因为 $\langle I'_{\lambda_n}(u_n), \varphi \rangle = 0$，容易证明

$$\int_{R^N} (-\Delta)^{\frac{\alpha}{2}} u_0 (-\Delta)^{\frac{\alpha}{2}} \varphi \mathrm{d}x = k \int_{R^N} \frac{|u_0|^{q-2} u_0 \varphi}{|x|^s} \mathrm{d}x + \beta \int_{R^N} |u_0|^{2_\alpha^*-2} u_0 \varphi \mathrm{d}x$$

即利用 $C_0^\infty(R^N)$ 在 $H_0^\alpha(R^N)$ 中的稠密性 u_0 是式（2.3）的一个弱解. 现在证明 $u_n \to u$ 在 $L^p(R^N)$ 中，$\forall p \in [2, 2_\alpha^*]$. 否则，利用 Lions 消失引理（见文献[19]），存在 $\delta > 0, R_0 > 0$ 和 $x_n \in R^N$，使得 $\int_{B(x_n, R_0)} (u_n - u_0)^2 \mathrm{d}x \geq \delta, x_n \to \infty$.

因此，$\{B(x_n, R_0) \cap \{V < b\}\} \to 0, x_n \to \infty$. 利用 Hölder 不等式，有

$$\int_{B(x_n, R_0) \cap \{V < b\}} (u_n - u_0)^2 \mathrm{d}x \to 0$$

因此得

$$\|u_n\|_{\lambda_n}^2 \geq \lambda_n b \int_{B(x_n, R_0) \cap \{v \geq b\}} u_n^2 \mathrm{d}x = \lambda_n b \int_{B(x_n, R_0) \cap \{v \geq b\}} (u_n - u_0)^2 \mathrm{d}x$$

$$= \lambda_n b \int_{B(x_n, R_0)} (u_n - u_0)^2 \mathrm{d}x - \lambda_n b \int_{B(x_n, R_0) \cap \{V < b\}} (u_n - u_0)^2 \mathrm{d}x + o(1) \to \infty$$

这与式（2.15）矛盾. 所以 $u_n \to u$ 在 $L^p(R^N)$ 中，$\forall p \in [2, 2_\alpha^*]$.

下面证明在 H_0^α 中 $u_n \to u_0$，因为 $\langle I'_\lambda(u_n), u_n \rangle = \langle I'_\lambda(u_n), u_0 \rangle$，有

$$\|u_n\|_\lambda^2 = k \int_{R^N} \frac{|u_n|^q}{|x|^s} \mathrm{d}x + \beta \int_{R^N} |u_n|^{2_\alpha^*} \mathrm{d}x \tag{2.16}$$

$$\langle u_n, u_0 \rangle = k \int_{R^N} \frac{|u_n|^{q-2} u_n u_0}{|x|^s} \mathrm{d}x + \beta \int_{R^N} |u_n|^{2_\alpha^*} u_n u_0 \mathrm{d}x \tag{2.17}$$

成立，因为 $u_n \to u$ 在 $L^p(R^N)$ 中，$\forall p \in [2, 2_\alpha^*]$ 容易证明

$$\int_{R^N} \frac{|u_n|^q}{|x|^s} \mathrm{d}x \to \int_{R^N} \frac{|u_n|^{q-2} u_n u_0}{|x|^s} \mathrm{d}x \tag{2.18}$$

$$\int_{R^N} |u_n|^{2_\alpha^*} \mathrm{d}x \to \int_{R^N} |u_n|^{2_\alpha^*-2} u_n u_0 \mathrm{d}x \tag{2.19}$$

这样，由从式（2.15）~式（2.18），得

$$\lim_{n \to \infty} \|u_n\|_\lambda^2 = \lim_{n \to \infty} \langle u_n, u_0 \rangle = \|u_0\|_\lambda^2$$

另一方面，由范数的弱下半连续性得

$$\|u_0\|_\lambda^2 \leqslant \liminf_{n\to\infty} \|u_n\|_\lambda^2$$

所以，在 $H^\alpha(R^N)$ 中 $u_n \to u_0$，且 $u_n \neq 0$，有

$$\|u_0\|_\lambda^2 = \lim_{n\to\infty} \|u_n\|_\lambda^2 \geqslant \lim_{n\to\infty} \int_{R^N} \frac{|u_n|^q}{|x|^s} dx > 0$$

这蕴含 $u_n \neq 0$.
证毕.

2.2 分数阶 Kirchhoff 方程多解的存在性、集中性研究

在本节中，主要考虑下面分数阶的 Kirchhoff 方程

$$\left(a + b\int_{R^N} \left|(-\Delta)^{\frac{\alpha}{2}} u\right|^2 dx\right)(-\Delta)^\alpha u + \lambda V(x)u = f(x,u) + \mu g(x)|u|^q, u \in H^\alpha(R^N), N \geqslant 3 \quad (2.20)$$

的多解及其解的集中现象，这里 $a,b,\lambda > 0$ 是常数，$\mu > 0$ 且 $0 < q < 1, f \in C(R^N \times R, R)$.

假定位势函数 $V(x)$ 满足下列条件：

（V_1）$V \in C(R^N, R)$ 且对任意的 $x \in R^N$ 都有 $V(x) \geqslant 0$.

（V_2）存在 $C > 0$ 使得集合 $\{V < c\} = \{x \in R^N | V(x) < c\}$ 是非空的有限测度.

（V_3）$= \text{int}\, V^{-1}(0)$ 是非空有光滑边界且满足 $\overline{\Omega} = V^{-1}(0)$.

2.2.1 引言及主要结论

式（2.20）中 $(-\Delta)^\alpha u$ 是分数阶的拉普拉斯算子出现在各种数学物理模型中，如马尔可夫过程[20]，分数阶量子力学[21]等. 近些年来，许多学者在研究中考虑了具有陡势井函数的情形[23-32]. 如在文献[22]中研究了式（2.21）所示的 Kirchhoff 性问题带有陡势井函数.

$$\left(a + b\int_{R^N} |\nabla u|^2 dx\right)\Delta u + \lambda V(x)u = f(x)|u|^{p-2} u, u \in H^1(R^3) \quad (2.21)$$

他们在对位势函数假设下证明上述方程存在一个或两个不同正解. 另外, 在文献[25]中, 考虑耦合分数阶薛定谔系统

$$\begin{cases} (-\Delta)^s u + \lambda V(x) u = f(x) |u|^{q-2} u + \dfrac{\alpha}{\alpha+\beta} |u|^{\alpha-2} u |v|^{\beta} \\ (-\Delta)^s v + \lambda w(x) v = g(x) |v|^{q-2} v + \dfrac{\beta}{\alpha+\beta} |u|^{\alpha} |v|^{\beta-2} v \end{cases}$$

利用 Nhari 流形和分形映射得到方程的多解性, 且讨论了解的集中现象. 受这些研究的启发, 本书给出了在奇异非线性项存在的情况下得到的多解, 并且也讨论了多解集中现象, 对于无解情形也得到了相应的结论.

定理 2.2.1 假设条件（V_1）~（V_3）成立, 函数 $f(x,s)$ 满足下面的条件：

（F_1）函数 $f(x,s)$ 在 $R^N \times R$ 上连续且满足对 $\forall s<0$ 和 $x \in R^N$, $f(x,s) \equiv 0$, 而且存在 $p \in L^\infty(R^N)$ 和 $|p^+|_\infty < \theta_0 := \dfrac{S_\alpha^2 \min\{a,1\}}{|V<c|^{\frac{2_\alpha^*-2}{2_\alpha^*}}}$ 使得 $\lim\limits_{s \to 0^+} \dfrac{f(x,s)}{s^k} = p(x)$ 对 $x \in R^N$ 一致成立, 且有 $\dfrac{f(x,s)}{s^k} \geq p$ 和对 $\forall \varepsilon > 0$ 和 $x \in \bar{\Omega}$, 这里 S_α 是 $D^{\alpha,2}(R^N)$ 到 $L^{2_\alpha^*}(R^N)$ 上的最佳嵌入常数 $|\bullet|$ 是勒贝格测度.

（F_2）存在函数 $q(x) \in L^\infty(R^N)$, q^+ 不恒等于 0 在 $\bar{\Omega}$ 上使得 $\lim\limits_{s \to \infty} \dfrac{f(x,s)}{s^k} = q(x)$ 在 $x \in R^N$ 上一致成立.

（F_3）d_0 是一个常数满足 $0 \leq d_0 < \dfrac{S_\alpha^2 \min\{a,1\}}{4} |\{V<c\}|^{\frac{2_\alpha^*-2}{2_\alpha^*}}$, 而且满足下列条件

对 $s>0$ 和 $x \in R^N$, $F(x,s) - \dfrac{1}{4} f(x,s)s \leq d_0 s^2$

（F_4）$f \in C^1(R^N \times R)$ 且 $s \to \dfrac{f(x,s)}{s^k}$ 是非减函数对任意固定 $x \in R$, 对 $\forall k \in [1, 2_\alpha^*-1)$, 如果函数 f 满足条件 $(F_1) \sim (F_3)$ 则有下面结论：

（1）假定 $k=1$ 和 $\lambda_1^{(1)} < 1$, 则存在 $k>0$ 和 $\Lambda > 0$ 使得 $g(x) \in L^{\frac{2_\alpha^*}{2_\alpha^*+q+1}}(R^N)$ 和 $\lambda > \Lambda$, 问题（2.20）至少有两个非平凡解.

（2）假定 $k \in (1, 2_\alpha^* - 1)$，则存在 $k > 0$ 和 $\Lambda > 0$ 使得 $g(x) \in L^{\frac{2_\alpha^*}{2_\alpha^* + q + 1}}(R^N)$ 和 $\lambda > \Lambda$，问题（2.20）至少有两个非平凡解.

定理 2.2.2 设 u_λ^1, u_λ^2 是方程（2.20）的两个解，则对 $\forall \lambda > 0, u_\lambda^1 \to u_0^1, u_\lambda^2 \to u_0^2$，当 $\lambda \to \infty$ 时，u_0^1, u_0^2 也是下面方程非平凡的解

$$\left(a + b \int_{R^N} \left| (-\Delta)^{\frac{\alpha}{2}} u \right|^2 dx \right) (-\Delta)^\alpha u = f(x, u) + \mu g(x) |u|^q$$

附注 2.2.1 对 $\forall k \in [1, 2_\alpha^* - 1)$，定义

$$\lambda_0^{(k)} = \inf \left\{ \left(\int_\Gamma \frac{|u(x) - u(y)|^2}{|x - y|^{N + 2\alpha}} dx dy \right)^{\frac{k+1}{2}} \middle| u \in E_0, \int_\Omega q(x) |u|^{k+1} dx = 1 \right\} \quad (2.22)$$

式中，$\Gamma = R^{2N} | (\Omega^c \times \Omega^c), \Omega^c = R^N | \Omega, q(x)$ 在 $\bar{\Omega}$ 上有界且 $q^+ \neq 0$；

$$E_0 = \left\{ \varphi \in L^2(\Omega) \middle| \int_\Gamma \frac{|\varphi(x) - \varphi(y)|}{|x - y|^{N + 2\alpha}} dx dy < \infty, 如果 x \in \Omega^c, \varphi(x) = 0 \right\}$$ 是希尔伯特空间且 $C_0^\infty(\Omega) \subset E_0$，相应的内积定义为 $\langle u, v \rangle = \int_\Gamma \frac{|u(x) - u(y)||v(x) - v(y)|}{|x - y|^{N + 2\alpha}} dx dy$，$u, v \in E_0$，且相应的范数定义为 $\|u\|^2 = \int_\Gamma \frac{|u(x) - u(y)|^2}{|x - y|^{N + 2\alpha}} dx dy$，则 $\lambda_0^{(k)} > 0$ 式（2.16）是可达的对 $\Phi_k \in E_0, \int_\Omega q(x) |u|^{k+1} dx = 1$ 和 Φ_k 在 Ω 上处处成立 $\Phi_k > 0$，利用法图引理和 E_0 到 $L^{k+1}(\Omega)$ 上的紧嵌入.

定理 2.2.3 假设（V_1）~（V_3）成立且 $\mu = 0$ 对于 $k = 1, 3$ 如果函数 f 满足条件（F_2）和（F_4），则有下面的结论：

（1）假设 $k = 1, b \geq |q|_\infty S_\alpha^{-2}(\Omega) \frac{2_\alpha^* - 2}{2_\alpha^*}$，则存在常数 $\Lambda_0 > 0$ 使得对 $\forall \alpha > 0$ 和 $\lambda > \Lambda_0$，问题（2.20）无非平凡的解.

（2）假设 $k = 3, \lambda_0^{(3)} > 0$，则对 $\forall \alpha \geq \lambda_0^{(3)}$ 和 $\lambda > 0$，问题（2.20）无非平凡的解.

2.2.2 预备知识

收集一些有关分数阶拉普拉斯的结果，有关分数阶索伯列夫空间 $H^\alpha(R^N)$ 的介绍，可以参考文献[33].

下面介绍一个子空间

$$E = \left\{u \in H^\alpha(R^N) : \int_{R^N} V(x) u^2 \mathrm{d}x < \infty\right\}, E_\lambda = \left\{u \in H^\alpha(R^N) : \int_{R^N} \lambda V(x) u^2 \mathrm{d}x < \infty\right\}$$

它的希尔伯特空间有下面的范数：

$$\langle u,u \rangle = \|u\|^2 = \int_{R^N} \left(\left|(-\Delta)^{\frac{\alpha}{2}} u\right|^2 + V(x) u^2\right) \mathrm{d}x, u \in H^\alpha(R^N)$$

和

$$\langle u,u \rangle_\lambda = \|u\|_\lambda^2 = \int_{R^N} \left(\left|(-\Delta)^{\frac{\alpha}{2}} u\right|^2 + \lambda V(x) u^2\right) \mathrm{d}x, u \in H^\alpha(R^N)$$

在 E_λ 上定义能量泛函 $J_{\lambda,b}^\mu$ 而且类似于文献[28]中的证明，通过简单的计算，能够证明

$$J_{\lambda,b}^\mu(u) = \frac{a}{2} \int_{R^N} \left|(-\Delta)^{\frac{\alpha}{2}} u\right|^2 \mathrm{d}x + \frac{b}{4} \left(\int_{R^N} \left|(-\Delta)^{\frac{\alpha}{2}} u\right|^2 \mathrm{d}x\right)^2 + \frac{1}{2} \int_{R^N} \lambda V(x) u^2 \mathrm{d}x -$$
$$\int_{R^N} F(x,u) \mathrm{d}x - \frac{\mu}{1+q} \int_{R^N} \mu g(x) |u|^{1+q} \mathrm{d}x, J_{\lambda,b}^\mu \in C^1(H^\alpha(R^N), R)$$

如果 u 是问题（2.20）的解，则满足下面的方程

$$\langle J_{\lambda,b}^\mu(u), \phi \rangle = \int_{R^N} \left(a(-\Delta)^{\frac{\alpha}{2}} u (-\Delta)^{\frac{\alpha}{2}} \varphi + \lambda V(x) u \phi\right) \mathrm{d}x - \int_{R^N} \mu g(x) u^q \mathrm{d}x +$$
$$b \int_{R^N} \left|(-\Delta)^{\frac{\alpha}{2}} u\right|^2 \mathrm{d}x \int_{R^N} (-\Delta)^{\frac{\alpha}{2}} u (-\Delta)^{\frac{\alpha}{2}} \phi \mathrm{d}x - \int_{R^N} f(x,u) \phi \mathrm{d}x$$

下面的结论将在后面的证明过程中被用到.

$$\int_{R^N} u^2 \mathrm{d}x = \int_{\{V \geqslant c\}} u^2 \mathrm{d}x + \int_{\{V < c\}} u^2 \mathrm{d}x$$

$$\leqslant \frac{1}{\lambda} \int_{\{V \geqslant c\}} \lambda V(x) u^2 \mathrm{d}x + \frac{|\{V < c\}|^{\frac{2_\alpha^* - 2}{2_\alpha^*}}}{S_\alpha^2} \int_{R^N} \left|(-\Delta)^{\frac{\alpha}{2}} u\right|^2 \mathrm{d}x$$

$$\leqslant \frac{1}{\lambda} \int_{R^N} \lambda V(x) u^2 \mathrm{d}x + \frac{|\{V < c\}|^{\frac{2_\alpha^* - 2}{2_\alpha^*}}}{S_\alpha^2} \int_{R^N} \left|(-\Delta)^{\frac{\alpha}{2}} u\right|^2 \mathrm{d}x$$

$$\leqslant \max\left\{\frac{1}{\lambda}, \frac{|\{V < c\}|^{\frac{2_\alpha^* - 2}{2_\alpha^*}}}{S_\alpha^2}\right\} \int_{R^N} \left(\left|(-\Delta)^{\frac{\alpha}{2}} u\right|^2 + \lambda V(x) u^2\right) \mathrm{d}x$$

$$\leqslant \max\left\{\frac{1}{\lambda}, \frac{|\{V < c\}|^{\frac{2_\alpha^* - 2}{2_\alpha^*}}}{S_\alpha^2}\right\} \|u\|_\lambda^2 \tag{2.23}$$

式中，$S_\alpha := \inf\limits_{u \in D^{\alpha,2}, u \neq 0} \dfrac{\int_{R^N} \left|(-\Delta)^{\frac{\alpha}{2}} u\right|^2 \mathrm{d}x}{\left(\int_{R^N} |u|^{2_\alpha^*} \mathrm{d}x\right)^{\frac{2}{2_\alpha^*}}}$，见 Cotsiolis 和 Tavoularis 在文献[34]定理 11 的介绍.

设 $g(x) \in L^{\frac{2_\alpha^*}{2_\alpha^* + q + 1}}(R^N)$ 且在 $x \in R^N$ 上 $g(x) > 0$ 几乎处处成立，得

$$\int_{R^N} g(x) |u|^{1+q} \mathrm{d}x \leq \left(\int_{R^N} |g(x)|^{\frac{2_\alpha^*}{2_\alpha^* + 1 + q}} \mathrm{d}x\right)^{\frac{2_\alpha^* + 1 + q}{2_\alpha^*}} \left(\int_{R^N} |u|^{(1+q)\frac{2_\alpha^*}{1+q}} \mathrm{d}x\right)^{\frac{1+q}{2_\alpha^*}}$$

$$= |g(x)|^{\frac{2_\alpha^*}{2_\alpha^* + 1 + q}} \left(\int_{R^N} |u|^{2_\alpha^*} \mathrm{d}x\right)^{\frac{1+q}{2_\alpha^*}}$$

$$\leq |g(x)|^{\frac{2_\alpha^*}{2_\alpha^* + 1 + q}} \left(\frac{1}{S_\alpha^2} \int_{R^N} \left|(-\Delta)^{\frac{\alpha}{2}} u\right|^2 \mathrm{d}x\right)^{1+q}$$

$$\leq \frac{c}{S_\alpha^2} \|u\|_\lambda^{1+q} \qquad (2.24)$$

$$\int_{R^N} |u|^r \mathrm{d}x \leq \left(\int_{R^N} |u|^2 \mathrm{d}x\right)^{\frac{2_\alpha^* - r}{2_\alpha^* - 2}} \left(\int_{R^N} |u|^{2_\alpha^*} \mathrm{d}x\right)^{\frac{r-2}{2_\alpha^* - 2}}$$

$$\leq \left(\int_{\{V \geq c\}} |u|^2 \mathrm{d}x + \int_{\{V < c\}} |u|^2 \mathrm{d}x\right)^{\frac{2_\alpha^* - r}{2_\alpha^* - 2}} \left(S_\alpha^{-2_\alpha^*} \left(\int_{R^N} \left|(-\Delta)^{\frac{\alpha}{2}} u\right|^2 \mathrm{d}x\right)^{\frac{2_\alpha^*}{2}}\right)^{\frac{r-2}{2_\alpha^* - 2}}$$

$$\leq \left[\frac{1}{\lambda c} \int_{\{V \geq c\}} \lambda V(x) u^2 \mathrm{d}x + \left(\int_{\{V < c\}} 1 \mathrm{d}x\right)^{\frac{2_\alpha^* - 2}{2_\alpha^*}} \left(\int_{\{V < c\}} |u|^{2_\alpha^*} \mathrm{d}x\right)^{\frac{2}{2_\alpha^*}}\right]^{\frac{2_\alpha^* - r}{2_\alpha^* - 2}} \cdot$$

$$\left[S_\alpha^{-2_\alpha^*} \left(\int_{R^N} \cdot \left(\left|(-\Delta)^{\frac{\alpha}{2}} u\right|^2 + \lambda V(x) u^2\right) \mathrm{d}x\right)^{\frac{2_\alpha^*}{2}}\right]^{\frac{r-2}{2_\alpha^* - 2}}$$

$$\leq \left[\frac{1}{\lambda c} \int_{\{V \geq c\}} \lambda V(x) u^2 \mathrm{d}x + |\{V < c\}|^{\frac{2_\alpha^* - 2}{2_\alpha^*}} S_\alpha^{-2} \int_{R^N} \left|(-\Delta)^{\frac{\alpha}{2}} u\right|^2 \mathrm{d}x\right]^{\frac{2_\alpha^* - r}{2_\alpha^* - 2}} \cdot$$

$$\left[S_\alpha^{-2_\alpha^*}\left(\int_{R^N}\left(\left|(-\Delta)^{\frac{\alpha}{2}}u\right|^2+\lambda V(x)u^2\right)\mathrm{d}x\right)^{\frac{2_\alpha^*}{2}}\right]^{\frac{r-2}{2_\alpha^*-2}}$$

$$\leqslant\left[\max\left\{\frac{1}{\lambda c},S_\alpha^{-2}\left|\{V<c\}\right|^{\frac{2_\alpha^*-2}{2_\alpha^*}}\right\}\int_{R^N}\left(\left|(-\Delta)^{\frac{\alpha}{2}}u\right|^2+\lambda V(x)u^2\right)\mathrm{d}x\right]^{\frac{2_\alpha^*-r}{2_\alpha^*-2}}S_\alpha^{\frac{-2_\alpha^*(r-2)}{2_\alpha^*-2}}.$$

$$\left[\left(\int_{R^N}\left(\left|(-\Delta)^{\frac{\alpha}{2}}u\right|^2+\lambda V(x)u^2\right)\mathrm{d}x\right)^{\frac{2_\alpha^*}{2}}\right]^{\frac{r-2}{2_\alpha^*-2}}$$

$$\leqslant\left(\max\left\{\frac{S_\alpha^2}{\lambda c},\left|\{V<c\}\right|^{\frac{2_\alpha^*-2}{2_\alpha^*}}\right\}\right)^{\frac{2_\alpha^*-r}{2_\alpha^*-2}}S_\alpha^{-r}\left(\int_{R^N}\left(\left|(-\Delta)^{\frac{\alpha}{2}}u\right|^2+\lambda V(x)u^2\right)\mathrm{d}x\right)^{\frac{1}{2}}$$

当 $\lambda\geqslant\dfrac{S_\alpha^2}{c}\left|\{V<c\}\right|^{\frac{2-2_\alpha^*}{2_\alpha^*}}$ 时，得

$$\int_{R^N}|u|^r\mathrm{d}x\leqslant\left|\{V<c\}\right|^{\frac{2_\alpha^*-r}{2_\alpha^*}}S_\alpha^{-r}\left(\int_{R^N}\left(\left|(-\Delta)^{\frac{\alpha}{2}}u\right|^2+\lambda V(x)u^2\right)\mathrm{d}x\right)^{\frac{1}{2}} \quad (2.25)$$

2.2.3 主要结论的证明

为了证明结论，需要下面的估计.

引理 2.2.1 假设（V_1）~（V_3）成立，对 $\forall k\in[1,2_\alpha^*)$，如果 f 满足条件（F_3），则式（2.20）的任何非平凡解满足下面的估计

$$J_{\lambda,b}^\mu(u)\geqslant-\frac{(1-q)}{2}\frac{(3-q)}{4(1+q)}\mu\max\{g(x)\}\left[\frac{\frac{(3-q)\mu\max\{g(x)\}(1+q)}{4(1+q)}}{2\left\{\frac{\min\{a,1\}}{4}-d_0\left|\{V<c\}\right|^{\frac{2_\varepsilon^*-2}{2_\alpha^*}}S_\alpha^{-2}\right\}}\right]^{\frac{1+q}{1-q}}$$

$$(2.26)$$

证明 设 u 是式（2.20）的一个非平凡解，得

$$a\int_{R^N}\left|(-\Delta)^{\frac{\alpha}{2}}u\right|^2\mathrm{d}x+b\left[\int_{R^N}\left|(-\Delta)^{\frac{\alpha}{2}}u\right|^2\mathrm{d}x\right]^2+\int_{R^N}\lambda V(x)u^2\mathrm{d}x-\int_{R^N}f(x,u)u\mathrm{d}x-\mu\int_{R^N}g(x)u^{1+q}\mathrm{d}x=0$$

由条件(F_3)，得
$$\int_{R^N}\left[F(x,u)-\frac{1}{4}f(x,u)u\right]dx \leqslant \int_{R^N} d_0 u^2 dx$$

则可以推断出

$$\begin{aligned}
J^\mu_{\lambda,b}(u) &= \frac{a}{2}\int_{R^N}\left|(-\Delta)^{\frac{\alpha}{2}}u\right|^2 dx + \frac{b}{4}\left[\int_{R^N}\left|(-\Delta)^{\frac{\alpha}{2}}u\right|^2 dx\right]^2 + \frac{1}{2}\int_{R^N}\lambda V(x)u^2 dx - \\
&\quad \int_{R^N} F(x,u)dx - \frac{\mu}{1+q}\int_{R^N} g(x)|u|^{1+q} dx \\
&\geqslant \frac{a}{2}\int_{R^N}\left|(-\Delta)^{\frac{\alpha}{2}}u\right|^2 dx + \frac{b}{4}\left[\int_{R^N}\left|(-\Delta)^{\frac{\alpha}{2}}u\right|^2 dx\right]^2 + \frac{1}{2}\int_{R^N}\lambda V(x)u^2 dx - \\
&\quad d_0\int_{R^N} u^2 dx - \frac{1}{4}\int_{R^N} f(x,u)u dx - \frac{\mu}{1+q}\int_{R^N} g(x)|u|^{1+q} dx \\
&\geqslant \frac{a}{4}\int_{R^N}\left|(-\Delta)^{\frac{\alpha}{2}}u\right|^2 dx + \frac{1}{4}\int_{R^N}\lambda V(x)u^2 dx - d_0\int_{R^N} u^2 dx + \\
&\quad \left(-\frac{\mu}{1+q}+\frac{\mu}{4}\right)\int_{R^N} g(x)|u|^{1+q} dx \\
&\geqslant \left\{\frac{\min\{a,1\}}{4}\right\}\|u\|_\lambda^2 - d_0\int_{R^N} u^2 dx - \left(\frac{3-q}{4(1+q)}\right)\mu\int_{R^N} g(x)|u|^{1+q} dx \\
&\geqslant \left\{\frac{\min\{a,1\}}{4} - d_0|\{V<c\}|^{\frac{2^*_\alpha-2}{2^*_\alpha}} S_\alpha^{-2}\right\}\|u\|_\lambda^2 - \left(\frac{3-q}{4(1+q)}\right)\mu\max\{g(x)\}\|u\|^{1+q} \\
&\geqslant -\frac{(1-q)}{2}\frac{(3-q)}{4(1+q)}\mu\max\{g(x)\}\left[\frac{\frac{(3-q)\mu\max\{g(x)\}(1+q)}{4(1+q)}}{2\left\{\frac{\min\{a,1\}}{4}-d_0|\{V<c\}|^{\frac{2^*_\alpha-2}{2^*_\alpha}} S_\alpha^{-2}\right\}}\right]^{\frac{1+q}{1-q}}
\end{aligned}$$

证毕.

利用下面的引理 2.2.2 和引理 2.2.3，能证明能量泛函 $J^\mu_{\lambda,a}(u)$ 满足山路几何结构.

引理 2.2.2 假设（V_1）~（V_2）成立，对 $\forall k \in [1, 2^*_\alpha - 1)$，如果条件（$F_1$）和（$F_2$）成立. 则存在常数 $K > 0, \rho > 0$ 和 $\eta > 0$，使得对 $\lambda \geqslant \dfrac{S_\alpha^2}{c}|\{V<c\}|^{\frac{2-2^*_\alpha}{2^*_\alpha}}$ 和

$\|g(x)\|_{L^\infty} < K$ 都有 $\inf\{J_{\lambda,b}^\mu(u): u \in E_\lambda : \|u\|_\lambda = \rho\} > \eta$.

证明 事实上，对 $\forall \varepsilon > 0$，由条件 (F_1) 和 (F_2)，存在 $c_\varepsilon > 0$ 使得

$$F(x,s) \leqslant \frac{|p^+|_\infty + \varepsilon}{2} s^2 + \frac{c_\varepsilon}{r} |s|^r, \forall s \in R \qquad (2.27)$$

式中，$\max\{2, k+1\} < r < 2_\alpha^*$. 我们用式（2.23）~式（2.25）的结果和 Hölder 不等式，对 $\forall u \in E_\lambda$ 和 $\lambda \geqslant \frac{S_\alpha^2}{c} |\{V < c\}|^{\frac{2-2_\alpha^*}{2_\alpha^*}}$，得

$$J_{\lambda,b}^\mu(u) = \frac{a}{2} \int_{R^N} \left|(-\Delta)^{\frac{\alpha}{2}} u\right|^2 dx + \frac{b}{4}\left(\int_{R^N}\left|(-\Delta)^{\frac{\alpha}{2}} u\right|^2 dx\right)^2 - \int_{R^N} F(x,u) dx - \frac{\mu}{1+q}\int_{R^N} g(x)|u|^{1+q} dx$$

$$\geqslant \frac{\min\{a,1\}}{2}\|u\|_\lambda^2 - \frac{|p^+|_\infty + \varepsilon}{2}\int_{R^N} u^2 dx - \frac{c_\varepsilon}{r}\int_{R^N} u^r dx - \frac{\mu}{1+q}\int_{R^N} g(x)|u|^{1+q} dx$$

$$\geqslant \left\{\frac{\min\{a,1\}}{2} - \frac{|p^+|_\infty + \varepsilon}{2}|\{V<c\}|^{\frac{2_\alpha^*-2}{2_\alpha^*}}\right\}\|u\|_\lambda^2 - \frac{c_\varepsilon|\{V<c\}|^{\frac{2_\alpha^*-r}{2_\alpha^*}}}{rS_\alpha^r}\|u\|_\lambda^r - C\mu\|g\|_{L^\infty}\|u\|_\lambda^{1+q}$$

$$\geqslant \|u\|_\lambda^{1+q}\left[\left(\frac{\min\{a,1\}}{2} - \frac{|p^+|_\infty + \varepsilon}{2}|\{V<c\}|^{\frac{2_\alpha^*-2}{2_\alpha^*}}\right)u_\lambda^{1-q} - \frac{c_\varepsilon|\{V<c\}|^{\frac{2_\alpha^*-r}{2_\alpha^*}}}{rS_\alpha^r}\|u\|_\lambda^{r-1-q} - C\mu\|g\|_{L^\infty}\right]$$

固定 $\varepsilon \in (0, \Theta_0 - |p^+|_\infty)$，且对 $t > 0$，设 $g(t) = At^{1-q} - Bt^{r-1-q}$，通过简单的计算，推得存在常数 $R = m > 0$ 对任意的 $\mu(0, \mu_0)$ 使得 $J_{\lambda,b}^\mu \geqslant \eta$. 证毕.

引理 2.2.3 假设 $(V_1) \sim (V_2)$ 和条件 $(F_1) \sim (F_3)$ 成立，则对 $\forall k \in [1, 2_\alpha^*)$ 满足 $\lambda \geqslant \frac{S_\alpha^2}{c}\{|v|<c\}^{\frac{2-2_\alpha^*}{2_\alpha^*}}$ 序列 $\{u_n\}$ 在 E 中有界，这里 $\{u_n\}$ 被式（2.20）定义.

证明 当 $n \to \infty$ 时，利用条件 (F_3) 和式（2.24），得

$$\alpha_\lambda + 1 \geqslant J_{\lambda,b}^\mu(u_n) - \frac{1}{4}\langle J_{\lambda,b}^\mu(u_n), u_n\rangle$$

$$= \frac{a}{4}\int_{R^N}\left|(-\Delta)^{\frac{\alpha}{2}} u_n\right|^2 dx + \frac{\lambda}{4}\int_{R^N} V(x) u_n^2 dx + \int_{R^2}\left[\frac{1}{4} f(x, u_n) u_n - F(x, u_n)\right] dx -$$

$$\left(\frac{\mu}{1+q} - \frac{\mu}{4}\right)\int_{R^N} g(x)|u_n|^{1+q} dx$$

$$\geqslant \frac{\min\{a,1\}}{4}\left[\int_{R^N}\left|(-\Delta)^{\frac{\alpha}{2}}u_n\right|^2 dx+\int_{R^N}\lambda V(x)u_n^2 dx\right]-d_0\int_{R^N}u_n^2 dx-$$

$$\left(\frac{\mu}{1+q}-\frac{\mu}{4}\right)\int_{R^N}g(x)|u_n|^{1+q}dx$$

$$\geqslant \left\{\frac{\min(a,1)}{4}-d_0\,|\,\{V<c\}\,|^{\frac{2_\alpha^*-2}{2_\alpha^*}}S_\alpha^{-2}\right\}\|u_n\|_\lambda^2-C\|u_n\|_\lambda^{1+q}$$

能推断出 $\{u_n\}$ 在 E_λ 中有界，证毕.

现在通过引理 2.2.4 来获得收敛的结果.

引理 2.2.4 假设（V_1）~（V_3）和（F_1）~（F_3）成立，则对 $\forall k\in[1,2_\alpha^*)$，存在 $\tau_0=\tau_0(D)\geqslant \dfrac{4d_0}{c}$

和

$$D\geqslant -\frac{(1-q)}{2}\frac{(3-q)}{4(1+q)}\mu\max\{g(x)\}\left[\frac{\dfrac{(3-q)\mu\max\{g(x)\}(1+q)}{4(1+q)}}{2\left\{\dfrac{\min(a,1)}{4}-d_0\,|\,\{V<c\}\,|^{\frac{2_\alpha^*-2}{2_\alpha^*}}S_\alpha^{-2}\right\}}\right]^{\frac{1+q}{1-q}}$$

使得在 E_λ 中对 $\mu\in(0,\mu_0),\lambda>\tau_0$ 能量泛函 $J_{\lambda,b}^\mu$ 满足 $(C)_c$ 条件.

证明 事实上，选序列 $\{u_n\}$ 的子序列不妨仍为 $\{u_n\}$ 是 $(C)_c$ 且有 $0<D$. 从引理 2.2.3，知 $\{u_n\}$ 在 E_λ 中有界. 所以，在 E_λ 中存在子序列 $\{u_n\}$ 和 u_0 使得在 E_λ 中 $u_n\xrightarrow{\text{弱}}u_0$，在 $L_{\text{loc}}^r(R^N)$ 中对 $1\leqslant r\leqslant 2_\alpha^*$ 有 $u_n\to u_0$. 而且 $J_{\lambda,b}^\mu(u_0)=0$. 接下来，证明在 E_λ 中 $u_n\to u_0$. 设 $v_n=u_n-u$，利用 Hölder 不等式和当 $n\to\infty$ 时，有

$$\int_{R^N}g(x)u_n^{1+q}dx\leqslant \int_{R^N}g(x)u^{1+q}dx+\int_{R^N}g(x)|u_n-u|^{1+q}dx$$

$$\leqslant \int_{R^N}g(x)u^{1+q}dx+C\|u_n-u\|_{L^2(R^N)}^{1+q}$$

$$=\int_{R^N}g(x)u^{1+q}dx+o(1) \qquad (2.28)$$

类似于式（2.28）的证明，有

$$\int_{R^N}g(x)u_n^{1+q}\mathrm{d}x \leqslant \int_{R^N}g(x)u_n\mathrm{d}x + \int_{R^N}g(x)|u_n-u|^{1+q}\mathrm{d}x$$

$$\leqslant \int_{R^N}g(x)u^{1+q}\mathrm{d}x + C\|u_n-u\|_{L^2(R^N)}^{1+q}$$

$$= \int_{R^N}g(x)u^{1+q}\mathrm{d}x + o(1) \qquad (2.29)$$

由式（2.28）和式（2.29）得

$$\int_{R^N}g(x)u_n^{1+q}\mathrm{d}x = \int_{R^N}g(x)u^{1+q}\mathrm{d}x + o(1) \qquad (2.30)$$

利用 Hölder 和 Sobolev 不等式，得

$$\int_{R^N}|v_n|^r\mathrm{d}x \leqslant \left(\int_{R^N}|v_n|^2\mathrm{d}x\right)^{\frac{2_\alpha^*-r}{2_\alpha^*-2}}\left(\int_{R^N}|v_n|^{2_\alpha^*}\mathrm{d}x\right)^{\frac{r-2}{2_\alpha^*-2}}$$

$$\leqslant \left[\frac{1}{\lambda c}\left(a\int_{R^N}(-\Delta)^{\frac{\alpha}{2}}v_n^2\mathrm{d}x + \int_{R^N}\lambda V(X)v_n^2\mathrm{d}x\right)\right]^{\frac{2_\alpha^*-r}{2_\alpha^*-2}} \cdot$$

$$\left[S_\alpha^{-2_\alpha^*}a^{\frac{2}{2_\alpha^*}}\left(a\int_{R^N}\left|(-\Delta)^{\frac{\alpha}{2}}v_n\right|^2\mathrm{d}x\right)^{\frac{2_\alpha^*}{2}}\right]^{\frac{r-2}{2_\alpha^*-2}}$$

$$\leqslant \left(\frac{1}{\lambda c}\right)^{\frac{2_\alpha^*-1}{2_\alpha^*}-2}S_\alpha^{-\frac{2_\alpha^*(r-2)}{2_\alpha^*-2}}a^{\frac{2(r-2)}{2_\alpha^*(2_\alpha^*-2)}}\left(a\int_{R^N}\left|(-\Delta)^{\frac{\alpha}{2}}v_n\right|^2\mathrm{d}x + \int_{R^N}\lambda v_n^2\mathrm{d}x\right)^{\frac{r}{2}} + o(1)$$

而且，联合(F_1)和(F_2)和 Brezis-Lieb 引理（见文献[30]），得

$$\int_{R^N}g(x)v_n^{1+q}\mathrm{d}x = \int_{R^N}g(x)u_n^{1+q}\mathrm{d}x - \int_{R^N}g(x)|u_0|^{1+q}\mathrm{d}x + o(1) \qquad (2.31)$$

由上面的结论，应用条件(F_3)，联合式（2.30）和式（2.31）和引理 2.2.1，有

$$D + \frac{(1-q)}{2}\frac{(3-q)}{4(1+q)}\mu\max\{g(x)\}\left[\frac{(3-q)\mu\max\{g(x)\}(1+q)}{4(1+q)}\middle/2\left\{\frac{\min\{a,1\}}{4} - d_0|\{V<c\}|^{\frac{2_\varepsilon^*-2}{2_\alpha^*}}S_\alpha^{-2}\right\}\right]^{\frac{1+q}{1-q}}$$

$$\geqslant D - J_{\lambda,b}^\mu(u_0)$$

第 2 章　分数阶薛定谔（Schrödinger）方程解的存在性与集中性研究

$$\geq J_{\lambda,b}^{\mu}(v_n) - \frac{1}{4}\langle J_{\lambda,b}'^{\mu}(v_n), v_n\rangle + o(1)$$

$$= \frac{a}{4}\int_{R^N}\left|(-\Delta)^{\frac{\alpha}{2}}v_n\right|^2 dx + \int_{R^N}\lambda V(x)v_n^2 dx - \int_{R^N}\left[F(x,v_n) - \frac{1}{4}f(x,v_n)v_n\right]dx +$$

$$\left(\frac{\mu}{4} - \frac{\mu}{1+q}\right)\int_{R^N}g(x)v_n^{1+q}dx + o(1)$$

$$\geq \frac{a}{4}\int_{R^N}\left|(-\Delta)^{\frac{\alpha}{2}}v_n\right|^2 dx + \int_{R^N}\lambda V(x)v_n^2 dx - d_0\int_{R^N}v_n^2 dx + \left(\frac{\mu}{4} - \frac{\mu}{1+q}\right)\int_{R^N}g(x)v_n^{1+q}dx + o(1)$$

$$\geq \frac{\lambda c - 4d_0}{4\lambda c}a\left(\int_{R^N}\left|(-\Delta)^{\frac{\alpha}{2}}v_n\right|^2 dx + \int_{R^N}\lambda V(x)v_n^2 dx\right) + o(1)$$

对 $\forall \lambda > \dfrac{4d_0}{c}$，可推断出

$$\min\{a,1\}\|v_n\|_\lambda^2 \leq a\int_{R^N}\left|(-\Delta)^{\frac{\alpha}{2}}v_n\right|^2 dx + \int_{R^N}\lambda V(x)v_n^2 dx \leq \frac{4\lambda cD}{\lambda c - 4d_0} + o(1) \quad (2.32)$$

而且，由式（2.25），有

$$\int_{R^N}|v_n|^r dx \leq |\{V<c\}|^{\frac{2_\alpha^*-r}{2_\alpha^*}} S_\alpha^{-r}\|v_n\|_\lambda^2 \leq |\{V<c\}|^{\frac{2_\alpha^*-r}{2_\alpha^*}} S_\alpha^{-r}\left(\frac{4\lambda cD}{\min\{a,1\}(\lambda c - 4d_0)}\right)^{\frac{r}{2}} + o(1) \quad (2.33)$$

利用 $\langle J_{\lambda,b}'^{\mu}(v_n), v_n\rangle = o(1)$，有

$$\int_{R^N}f(x,v_n)v_n dx \leq (|p^+|_\infty + \varepsilon)\int_{R^N}v_n^2 dx + c_\varepsilon\int_{R^N}|v_n|^r dx$$

通过式（2.28）和式（2.29），能证明式（2.30），从式（2.30）和式（2.31）能得到式（2.32）。从式（2.32）~式（2.33）的结论得

$$o(1) = a\int_{R^N}\left|(-\Delta)^{\frac{\alpha}{2}}v_n\right|^2 dx + \lambda\int_{R^N}V(x)v_n^2 dx + b\left(\int_{R^N}\left|(-\Delta)^{\frac{\alpha}{2}}v_n\right|^2 dx\right)^2 -$$

$$(|p^+|_\infty + \varepsilon)\int_{R^N}|v_n|^2 dx - c_\varepsilon\int_{R^N}|v_n|^r dx - \mu\int_{R^N}g(x)|v_n|^{1+q}dx$$

$$\geq \min\{a,1\}\|v_n\|_\lambda^2 - \frac{(|p^+|_\infty + \varepsilon)}{\lambda c}\min\{a,1\}\|v_n\|_\lambda^2 -$$

$$C_\varepsilon\left(\int_{R^N}|v_n|^r dx\right)^{\frac{r-2}{r}}\left(\int_{R^N}|v_n|^r dx\right)^{\frac{r}{2}} - \mu\int_{R^N}g(x)|v_n|^{1+q}dx$$

$$\geq \min\{a,1\}\left(1-\frac{(|p^+|_\infty+\varepsilon)}{\lambda c}\right)\left[\int_{R^N}\left|(-\Delta)^{\frac{\alpha}{2}}v_n\right|^2\mathrm{d}x+\int_{R^N}\lambda V(x)v_n^2\mathrm{d}x\right]-\left(|\{V<c\}|^{\frac{2^*_\alpha-r}{2^*_\alpha}}S_\alpha^{-r}\right)^{\frac{r-2}{r}}\cdot$$

$$\left(\frac{4\lambda cD}{\min\{a,1\}(\lambda c-4d_0)}\right)^{\frac{r-2}{2}}\left[\left(\frac{1}{\lambda c}\right)^{\frac{2^*_\alpha-r}{2^*_\alpha-2}}S_\alpha^{-\frac{2^*_\alpha(r-2)}{2^*_\alpha-2}}a^{\frac{2(r-2)}{2^*_\alpha(2^*_\alpha-2)}}\right]^{\frac{r}{2}}\|v_n\|_\lambda^2$$

$$\geq \|v_n\|_\lambda^2\min\{a,1\}\left[1-\frac{(|p^+|_\infty+\varepsilon)}{\lambda c}-\left(\frac{4\lambda cD|\{V<c\}|^{\frac{2^*_\alpha-r}{2^*_\alpha}}}{\min\{a,1\}(\lambda c-4d_0)S_\alpha^r}\right)^{\frac{r-2}{r}}\cdot\right.$$

$$\left.\left(\left(\frac{1}{\lambda c}\right)^{\frac{2^*_\alpha-r}{2^*_\alpha-2}}S_\alpha^{-\frac{2^*_\alpha(p-2)}{2^*_\alpha-2}}a^{\frac{2(r-2)}{2^*_\alpha(2^*_\alpha-2)}}\right)^{\frac{2}{r}}\right]+o(1)$$

所以，对 $\tau_0=\tau_0(D)\geq\dfrac{4d_0}{c}>0$，有 E_λ 中对于 $\lambda>\tau_0$ 有 $v_n\xrightarrow{\text{强}}0$.

证毕.

引理 2.2.5 假设（V_1）和（V_2）成立，而且对 $k=1,3,4$ 在条件 (F_1) 和 (F_2) 下，$\rho>0$ 的定义和引理 2.2.4 的定义相同，则我们有下面的结果：

（1）如果 $k=1, N\geq 3$ 且 $\lambda_0^{(1)}<\dfrac{1}{a}$，则存在 $a^*>0$ 和 $e\in H^\alpha(R^N)$ 满足 $\|e\|_\lambda>\rho$ 使得对 $a\in(0,a^*)$ 和 $\lambda>0$ 有 $J_{\lambda,b}^\mu(e)<0$.

（2）如果 $k=3$，则存在 $e\in H^\alpha(R^N)$ 满足 $\|e\|_\lambda>\rho$ 使得对 $0<a<\dfrac{1}{\lambda_0^{(3)}}$ 和 $\lambda>0$ 有 $J_{\lambda,b}^\mu(e)<0$.

（3）如果 $k=4$，则存在 $e\in H^\alpha(R^N)$ 满足 $\|e\|_\lambda>\rho$ 使得对 $0<a$ 和 $\lambda>0$ 有 $J_{\lambda,b}^\mu(e)<0$.

证明 由法图引理和 $\lambda_0^{(1)}<\dfrac{1}{a}$ 以及条件 (F_2)，得

$$\lim_{t\to\infty}\frac{J_{\lambda,0}^\mu(t\Psi_1)}{t^2}=\frac{1}{2}\left(a\int_{R^N}\left|(-\Delta)^{\frac{\alpha}{2}}\Psi_1\right|^2\mathrm{d}x+\int_{R^N}\lambda V(x)\Psi_1^2\mathrm{d}x\right)-\lim_{t\to\infty}\int_{R^N}\frac{F(x,t\Psi_1)}{t^2\Psi_1}\Psi_1\mathrm{d}x-$$

$$\lim_{n\to\infty}\frac{\mu t^{1+q}}{t^2}\int_{R^N}g(x)\Psi_1^{1+q}\mathrm{d}x$$

$$\leqslant \frac{a}{2}\int_\Omega \left|(-\Delta)^{\frac{\alpha}{2}}\Psi_1\right|^2 \mathrm{d}x - \frac{1}{2}\int_\Omega q\Psi_1^2 \mathrm{d}x$$

$$\leqslant \frac{1}{2}\left(a - \frac{1}{\lambda_0^{(1)}}\right)\int_\Omega \left|(-\Delta)^{\frac{\alpha}{2}}\Psi_1\right|^2 \mathrm{d}x < 0$$

式中，$J_{\lambda,0}^\mu(u) = J_{\lambda,b}^\mu(u)$ $b=0$. 因此当 $t\to\infty$ 时，$J_{\lambda,0}^\mu(t\varphi_1)\to-\infty$，则存在 $a^*>0$ 和 $e\in H^\alpha(R^N)$ 满足 $\|e\|_\lambda>\rho$ 使得对 $a\in(0,a^*)$ 和 $\lambda>0$ 有 $J_{\lambda,b}^\mu(e)<0$.

（2）和（3）由式（2.20），定义

$$\Phi_k = \begin{cases} \psi_3, k=3 \\ \psi_4, k=4 \end{cases}$$

接下来，由条件 (F_1) 和 (F_2) 以及法图引理，得

$$\lim_{t\to\infty}\frac{J_{\lambda,b}^\mu(t\Phi_k)}{t^{k+1}} = \begin{cases} \dfrac{b}{4}\left(\int_{R^N}\left|(-\Delta)^{\frac{\alpha}{2}}\Phi_3\right|^2 \mathrm{d}x\right)^2 - \lim\limits_{t\to\infty}\int_{R^N}\dfrac{F(x,t\Phi_3)}{t^4\Phi_3^4}\Phi_3^4 \mathrm{d}x, k=3 \\ -\lim\limits_{t\to\infty}\int_{R^N}\dfrac{F(x,t\Phi_4)}{t^5\Phi_4^5}\Phi_4^5 \mathrm{d}x, k=4 \end{cases}$$

$$\leqslant \begin{cases} \dfrac{b}{4}\left(\int_{R^N}\left|(-\Delta)^{\frac{\alpha}{2}}\Phi_3\right|^2 \mathrm{d}x\right)^2 - \int_\Omega q\Phi_3^4 \mathrm{d}x, k=3 \\ -\dfrac{1}{5}\int_\Omega q\Phi_4^5 \mathrm{d}x, k=4 \end{cases}$$

$$= \begin{cases} \dfrac{1}{4}(a\lambda_0^3 - 1), k=3 \\ -\dfrac{1}{5}, k=4 \end{cases}$$

这隐含着当 $t\to\infty$ 时，$J_{\lambda,b}^\mu(t\Phi_k)\to-\infty$，所以存在 $e\in H^\alpha(R^N)$ 满足 $\|e\|_\lambda>\rho$ 使得 $J_{\lambda,b}^\mu(e)<0$.

证毕.

定理 2.2.1 的证明：事实上由引理 2.2.2 和引理 2.2.5，得 $\lambda > \Lambda : \max\left\{\dfrac{S_\alpha^{2_\alpha^*}}{c}|\{V<c\}|^{\frac{2_\alpha^*-2}{2_\alpha^*}}, \dfrac{2cd_0}{c(\theta-2)}\right\}$，对于 $J_{\lambda,b}^\mu$ 存在 C_c-序列 $\{u_n\}$ 在 E_λ 中. 然后利用引理 2.2.3 和 $0<D$ 的一致有界性，存在一个子序列 $\{u_n\}$ 和 $u_\lambda^1\in E_\lambda$ 使得

在 E_λ 中 $u_n \xrightarrow{强} u_\lambda^1$. 而且 $J_{\lambda,b}^\mu(u_\lambda^1) \geq \eta > 0$ 且 u_λ^1 是式（2.20）的一个非平凡解. 式（2.20）的第二个解将被利用局部极小的方法证明. 首先证明对足够小 $\rho > 0$ 存在 $\phi \in E_\lambda$ 使得 $J_{\lambda,b}^\mu(\rho\phi) < 0$. 事实上, 选择 $\phi \in E_0$ 且 $\int_\Omega g(x)|\phi|^{1+q} dx > 0$. 利用条件 (F_1), 对足够小 $\rho > 0$ 得

$$J_{\lambda,b}^\mu(\rho\phi) = \frac{a\rho^2}{2}\int_{R^N}\left|(-\Delta)^{\frac{\alpha}{2}}\phi\right|^2 dx + \frac{b\rho^4}{4}\left(\int_{R^N}\left|(-\Delta)^{\frac{\alpha}{2}}\phi\right|^2 dx\right)^2 + \frac{\rho^2}{2}\int_{R^N}\lambda V(x)\phi^2 dx -$$

$$\int_{R^N} F(x,\rho\phi)dx - \frac{\mu\rho^{1+q}}{1+q}\int_{R^N}\mu g(x)|\phi|^{1+q} dx$$

$$\leq \frac{a\rho^2}{2}\int_{R^N}\left|(-\Delta)^{\frac{\alpha}{2}}\phi\right|^2 dx + \frac{b\rho^4}{4}\left(\int_{R^N}\left|(-\Delta)^{\frac{\alpha}{2}}\phi\right|^2 dx\right)^2 + \frac{\rho^2}{2}\int_{R^N}\lambda V(x)\phi^2 dx -$$

$$\rho^k\int_{R^N} q(x)\phi^k dx - \frac{\mu\rho^{1+q}}{1+q}\int_{R^N}\mu g(x)|\phi|^{1+q} dx$$

$$< 0 \tag{2.34}$$

由此推断出能量泛函 $J_{\lambda,b}^\mu(u)$ 有极小值（弱下半连续性）在 E_λ 中任一个中心在原点半径为 $R < \rho$ 闭球上满足 $J_{\lambda,b}^\mu(u) \geq 0$ 对任意 $u \in E_\lambda, \|u\| = R$ 是可达的在相应的开球上, 因此式（2.20）有非平凡解 u_λ^2 满足 $J_{\lambda,b}^\mu(u_\lambda^2) < 0$ 和 $\|u_\lambda^2\| < R$. 而且, 从式（2.34）推断出与 λ 无关的 ρ_0 和 $k < 0$ 使得 $J_{\lambda,b}^\mu(\rho_0\phi) = k$ 和 $\|\rho_0\varphi\| < R$. 所以, 能推断出对 $\forall \lambda \geq \Lambda$, $J_{\lambda_n,b}^\mu(u_\lambda^{(2)}) \leq k < 0 < \eta \leq J_{\lambda_n,b}^\mu(u_\lambda^{(1)})$.

证毕.

定理 2.2.2 的证明 设 λ_n 是一个序列满足 $\lambda_n \to \infty$；假设 $u_n^1 = u_{\lambda_n}^1, u_n^2 = u_{\lambda_n}^2$ 是定理 2.2.1 中 $J_{\lambda,b}^\mu$ 的两个临界点. 由于

$$J_{\lambda_n,b}^\mu(u_\lambda^{(2)}) \leq k < 0 < \eta \leq J_{\lambda_n,b}^\mu(u_\lambda^{(1)}) \tag{2.35}$$

和

$$D \geq \left(\frac{\min\{a,1\}}{4} - d_0|\{V<c\}|^{\frac{2_\alpha^*-2}{2_\alpha^*}}S_\alpha^{-2}\|u_n^i\|_{\lambda_n}^2 - C\|u_n^i\|_{\lambda_n}^{1+q}\right)$$

所以

$$\|u_n^i\|_{\lambda_n} \leq C, i = 1,2 \tag{2.36}$$

式中, C 是一个常数与 λ_n 有关. 因此, 能假定在 E 中 $u_n^i \xrightarrow{弱} u_0^i$ 和在 $L_{loc}^r(R^N)$

中对 $2 \leqslant r < 2^*_\alpha$ 有 $u^i_n \xrightarrow{\text{强}} u^0_n$. 利用法图引理, 得

$$\int_{R^N} V(x)|u^i_0|^2 \, dx \leqslant \liminf_{n \to \infty} \int_{R^N} V(x)|u^i_n|^2 \, dx, \liminf_{n \to \infty} \frac{\|u^i_n\|^2_{\lambda_n}}{\lambda_n} = 0$$

因此, 能推断出 $u^i_n = 0$ 在 $R^N \setminus V^{-1}(0)$ 几乎处处成立且 $u^0_n \in E_0$. 则对 $\forall \varphi \in E_0$, 我们能得到 $\langle J'^\mu_{\lambda_n, b}(u^i_n), \varphi \rangle = 0$, 即

$$a \int_\Gamma (-\Delta)^{\frac{\alpha}{2}} u_0 (-\Delta)^{\frac{\alpha}{2}} \varphi dx + b \int_\Gamma (-\Delta)^{\frac{\alpha}{2}} u_0 (-\Delta)^{\frac{\alpha}{2}} \varphi dx \int_\Gamma \left|(-\Delta)^{\frac{\alpha}{2}} u_0\right|^2 dx \quad (2.37)$$
$$= \int_{R^N} f(x, u_0) \varphi dx + \int_{R^N} \mu g(x) |u_0|^q \varphi dx$$

下面证明在 $L^r(R^N)$ 中 $u^i_n \xrightarrow{\text{强}} u^i_0, 2 \leqslant r < 2^*_\alpha$. 采用反证法, 假定不成立, 应用 Lions 消失引理[31, 32], 存在 $\delta > 0, R_0 > 0$ 和 $x_n \in R^N$ 使得 $\int_{B(x_n, R_0)} (u^i_n - u^i_0)^2 dx \geqslant \delta$.

因为当 $x_n \to \infty$ 时, 有 $|B(x_n, R_0)| \cap |\{V < C\}| \to 0$, 应用 Hölder 不等式, 有

$$\int_{B(x_n, R_0) \cap \{V < C\}} (u^i_n - u^i_0)^2 dx \to 0.$$

得

$$\begin{aligned}
\|u^i_n\|^2_{\lambda_n} &\geqslant \lambda_n c \int_{B(x_n, R_0) \cap \{V < C\}} |u^i_n|^2 dx \\
&= \lambda_n c \int_{B(x_n, R_0) \cap \{V < C\}} |u^i_n - u^i_0|^2 dx \\
&= \lambda_n c \left[\int_{B(x_n, R_0)} |u^i_n - u^i_0|^2 dx - \int_{B(x_n, R_0) \cap \{V < C\}} |u^i_n - u^i_0|^2 dx \right] \to \infty
\end{aligned}$$

这与式 (2.35) 矛盾. 因此, 在 $L^r(R^N)$ 中 $u^i_n \xrightarrow{\text{强}} u^i_0, 2 \leqslant r < 2^*_\alpha$, 应用 ($F_1$) 和 Hölder 不等式在 $L^2(R^N)$ 中 $u^i_n \to u^i_0$, 有

$$\int_{R^N} g(x)|u^i_n|^{1+q} dx = \int_{R^N} g(x)|u^i_n|^{1+q} dx + o(1)$$

另外用条件 (F_1) 和 (F_2), 得

$$\int_{R^N} f(x, u^i_n) u^i_n dx = \int_{R^N} f(x, u^i_n) u^i_0 dx + o(1)$$

由于 $\langle J'^\mu_{\lambda_n b}(u^i_n), u^i_n \rangle = \langle J'^\mu_{\lambda_n b}(u^i_n), u^i_0 \rangle = 0$, 得

$$\|u_n^i\|_{\lambda_n}^2 = \int_{R^N} f(x, u_n^i) u_n^i \mathrm{d}x + \mu \int_{R^N} g(x) |u_n|^{1+q} \mathrm{d}x$$

和

$$\langle u_n^i, u_0^i \rangle = \int_{R^N} f(x, u_n^i) u_0^i \mathrm{d}x + \mu \int_{R^N} g(x) |u_n|^q u_0^i \mathrm{d}x$$

应用 (V_3) 和 $u_0^i \in E_0$，得

$$\lim_{n \to \infty} \|u_n^i\|_{\lambda_n}^2 = \lim_{n \to \infty} \langle u_n^i, u_0^i \rangle \lambda_n = \|u_0^i\|^2$$

另一方面，用范数的下半连续，得

$$\|u_0^i\|^2 \leqslant \liminf_{n \to \infty} \|u_n^i\|^2 \leqslant \liminf_{n \to \infty} \|u_n^i\|_{\lambda_n}^2$$

因此，在 E_0 中 $u_n^i \to u_0^i$，由式（2.37），能得到 $u_0^i, i=1,2$ 是式（2.20）非平凡的解. 应用式（2.35）和与 λ 无关的常数 k, η，有

$$\frac{a}{2} \int_{\Gamma} \left|(-\Delta)^{\frac{\alpha}{2}} u_0^1\right|^2 \mathrm{d}x + \frac{b}{4} \left(\int_{\Gamma} \left|(-\Delta)^{\frac{\alpha}{2}} u_0^1\right|^2 \mathrm{d}x \right)^2 - \int_{\Omega} F(x, u_0^1) \mathrm{d}x - \int_{\Omega} \mu g(x) |u_0^1|^{1+q} \mathrm{d}x \geqslant \eta > 0$$

和

$$\frac{a}{2} \int_{\Gamma} \left|(-\Delta)^{\frac{\alpha}{2}} u_0^2\right|^2 \mathrm{d}x + \frac{b}{4} \left(\int_{\Gamma} \left|(-\Delta)^{\frac{\alpha}{2}} u_0^2\right|^2 \mathrm{d}x \right)^2 - \int_{\Omega} F(x, u_0^2) \mathrm{d}x - \int_{\Omega} \mu g(x) |u_0^2|^{1+q} \mathrm{d}x \leqslant k < 0$$

这里隐含了 $u_0^i \neq 0, i=1,2$ 和 $u_0^1 \neq u_0^2$.

证毕.

定理 2.2.3 的证明 假定 u 是式（2.20）的一个非平凡的解，则

$$\langle J_{\lambda,b}^{\prime \mu}(u), u \rangle = \int_{R^N} \left[a \left|(-\Delta)^{\frac{\alpha}{2}} u\right|^2 + \lambda V(x) u^2 \right] \mathrm{d}x + b \left(\int_{R^N} \left|(-\Delta)^{\frac{\alpha}{2}} u\right|^2 \mathrm{d}x \right)^2 - \int_{R^N} f(x, u) u \mathrm{d}x$$

（1）应用条件（V_1）～（V_3）和 $a > |q| S_\alpha^{-2} |\Omega|^{\frac{2_\alpha^* - 2}{2_\alpha^*}}$，存在 C_1 使得

第 2 章　分数阶薛定谔（Schrödinger）方程解的存在性与集中性研究

$a > |q| S_\alpha^{-2} |\{V < C_1\}|^{\frac{2_\alpha^* - 2}{2_\alpha^*}}$，推导出

$$\int_{R^N} q u^2 \mathrm{d}x \leqslant |q|_\infty \int_{\{V < C_1\}} u^2 \mathrm{d}x + |q|_\infty \int_{\{V \geqslant C_1\}} u^2 \mathrm{d}x$$

$$\leqslant |q|_\infty |\{V < C_1\}|^{\frac{2_\alpha^* - 2}{2_\alpha^*}} S_\alpha^{-2} \int_{R^N} \left|(-\Delta)^{\frac{\alpha}{2}} u\right|^2 \mathrm{d}x + \frac{|q|_\infty}{\lambda C_1} \int_{\{V \geqslant C_1\}} \lambda u^2 \mathrm{d}x$$

$$\leqslant a \int_{R^N} \left|(-\Delta)^{\frac{\alpha}{2}} u\right|^2 \mathrm{d}x + \frac{|q|_\infty}{\lambda C_1} \int_{\{V \geqslant C_1\}} \lambda V(x) u^2 \mathrm{d}x$$

$$\leqslant a \int_{R^N} \left|(-\Delta)^{\frac{\alpha}{2}} u\right|^2 \mathrm{d}x + \frac{|q|_\infty}{\lambda C_1} \int_{R^N} \lambda V(x) u^2 \mathrm{d}x$$

接下来，用条件 (F_2) 和 (F_4) 和式（2.25），对 $\lambda > \Lambda_0 := \dfrac{|q|_\infty}{C_1}$，得

$$0 = \langle J'^{\mu}_{\lambda,b}(u), u \rangle$$

$$\geqslant \int_{R^N} \left(a \left|(-\Delta)^{\frac{\alpha}{2}} u\right|^2 + \lambda u^2 \right) \mathrm{d}x - \int_{R^N} q u^2 \mathrm{d}x$$

$$\geqslant \int_{R^N} \left(a \left|(-\Delta)^{\frac{\alpha}{2}} u\right|^2 + \lambda u^2 \right) \mathrm{d}x - \frac{|q|_\infty}{\lambda C_1} \int_{R^N} \left(a \left|(-\Delta)^{\frac{\alpha}{2}} u\right|^2 + \lambda u^2 \right) \mathrm{d}x$$

$$\geqslant \left(1 - \frac{|q|_\infty}{\lambda C_1} \right) \| u \|_\lambda^2$$

这样得到矛盾. 所以式（2.20）没有任何非平凡解.

（2）接下来分两种情况来证明.

第一种情形：$\int_{R^N} q(x) u^4 \mathrm{d}x = 0$.

由式（2.25），得

$$0 = \langle J'^{\mu}_{\lambda,b}(u), u \rangle$$

$$= \int_{R^N} \left[a \left|(-\Delta)^{\frac{\alpha}{2}} u\right|^2 + \lambda V(x) u^2 \right] \mathrm{d}x + b \left(\int_{R^N} \left|(-\Delta)^{\frac{\alpha}{2}} u\right|^2 \mathrm{d}x \right)^2 - \int_{R^N} f(x, u) u \mathrm{d}x$$

$$\geqslant \int_{R^N} \left[a \left|(-\Delta)^{\frac{\alpha}{2}} u\right|^2 + \lambda V(x) u^2 \right] \mathrm{d}x + b \left(\int_{R^N} \left|(-\Delta)^{\frac{\alpha}{2}} u\right|^2 \mathrm{d}x \right)^2 - \int_{R^N} q(x) u^4 \mathrm{d}x$$

$$\geq \int_{R^N}\left[a\left|(-\Delta)^{\frac{\alpha}{2}}u\right|^2 + \lambda V(x)u^2\right]\mathrm{d}x + b\left(\int_{R^N}\left|(-\Delta)^{\frac{\alpha}{2}}u\right|^2\mathrm{d}x\right)^2$$
$$> 0$$

得到一个矛盾.

第二种情形：$\int_{R^N} q(x)u^4 \mathrm{d}x > 0$.

设 $v = \dfrac{u}{\left(\int_{R^N} qu^4 \mathrm{d}x\right)^{\frac{1}{4}}}$，因此 $\int_{R^N} q(x)v^4 \mathrm{d}x = 1$.

利用条件 $(F_2), (F_4)$ 和式（2.29），得

$$0 = \langle J'^{\mu}_{\lambda,b}(u), u\rangle$$
$$\geq \int_{R^N}\left[a\left|(-\Delta)^{\frac{\alpha}{2}}u\right|^2 + \lambda V(x)u^2\right]\mathrm{d}x + \frac{1}{\lambda_0^{(3)}}\left(\int_{R^N}\left|(-\Delta)^{\frac{\alpha}{2}}u\right|^2 \mathrm{d}x\right)^2 - \int_{R^N} q(x)u^4\mathrm{d}x$$
$$= \left(\int_{R^N} qu^4\right)^{\frac{1}{2}}\int_{R^N}\left[a\left|(-\Delta)^{\frac{\alpha}{2}}v\right|^2 + \lambda V(x)v^2\right]\mathrm{d}x + \frac{1}{\lambda_0^{(3)}}\left(\int_{R^N} qu^4\mathrm{d}x\right)\left(\int_{R^N}\left|(-\Delta)^{\frac{\alpha}{2}}v\right|^2 \mathrm{d}x\right)^2 -$$
$$\int_{R^N} q(x)u^4\mathrm{d}x$$
$$= \left(\int_{R^N} qu^4\right)^{\frac{1}{2}}\int_{R^N}\left[a\left|(-\Delta)^{\frac{\alpha}{2}}v\right|^2 + \lambda V(x)v^2\right]\mathrm{d}x + \frac{1}{\lambda_0^{(3)}}\left(\int_{R^N} qu^4\mathrm{d}x\right) \cdot$$
$$\left[\left(\int_{R^N}\left|(-\Delta)^{\frac{\alpha}{2}}v\right|^2\mathrm{d}x\right)^2 - \frac{1}{\lambda_0^{(3)}}\right] > 0$$

得到一个矛盾. 因此式（2.20）无任何非平凡的解.

证毕.

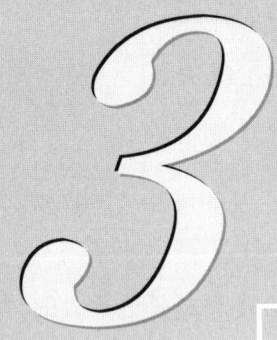

第 3 章

分数阶基尔霍夫方程多解的存在性及集中性带有深井位势函数研究

本章考虑两类分数阶 Schrödinger 方程，首先，研究具有超线性非线性分数阶基尔霍夫（Kirchhoff）方程

$$\begin{cases} M\left(\int_{R^N}\left|(-\Delta)^{\frac{\alpha}{2}}u\right|^2 dx\right)(-\Delta)^{\alpha}u + \lambda V(x)u = f(x,u), x \in R^N \\ u \in H^{\alpha}(R^N), N \geq 1 \end{cases} \quad (3.1)$$

考虑一类具临界指数的分数阶 Schrödinger 方程的非平凡的解和基态解以及解的集中现象，其中 $(-\Delta)^{\alpha}$ 是分数阶拉普拉斯，$\alpha \in (0,1)$，$2 \leq q \leq 2^*_{\alpha,s} = \frac{2(N-s)}{N-2\alpha} \leq 2^*_{\alpha} = \frac{2N}{N-2\alpha}$，$0 < s < 2\alpha$，$\lambda > 0$，$\kappa$ 和 β 是实参数，2^*_{α} 是分数阶的临界指数. 另外，假设位势函数 $V(x)$ 还满足下列条件：

（V_1） $V \in (R^N, R)$，并且在 R^N 上满足 $V(x) \geq 0$.

（V_2） 存在正数 $b > 0$ 使得 $V_b := \{x \in R^N \mid V(x) < b\}$ 有有限测度.

（V_3） $\Omega = \text{int}\{V^+(0)\}$ 是非空的，并且 $\partial\Omega$ 光滑有界.

这种假设首次由 Bartsch 和 Wang 在研究非线性 Schödinger 方程时提出，能量函数 $V(x)$ 中的 V 满足条件（V_1）~（V_3）. V 被称作具有深度能且其被参数控制.

定义

$$N_{\lambda} = \{u \in E \setminus \{0\} : I'_{\lambda}(u)u = 0\}$$

则 N_{λ} 是一个 Nehari 流形相应于 I_{λ}.

其次，考虑了具有临界非局部和消失能的薛定谔-泊松（Schödinger-poisson）系统

$$\begin{cases} -\Delta u + V(x)u - l(x)\varphi |u|^3 u = \eta K(x)f(u), x \in R^3 \\ -\Delta \varphi = l(x)u^5, x \in R^3 \end{cases} \quad (3.2)$$

非平凡解的存在性，这里 $V(x)$，$K(x)$ 是正连续函数而且消失在无穷远，$l(x)$ 是一个有界函数，$\eta > 0$ 是一个参数.

首先，假设函数 (V,K) 是连续函数 $V, K: R^3 \to R$ 属于 κ，$(V,K) \in \kappa$ 满足下列条件：

（VK_1） 对任意的 $x \in R^3$ 是一个 Borel 集序列，使得勒贝格测度 $\text{meas}(A_n)$

$\leq R$ 对任意的 $n \in N$ 和一些 $R>0$ 都成立，则 $\lim\limits_{r \to +\infty} \int_{A_n \cap B_r^c(0)} K(x)\mathrm{d}x = 0, \forall n \in N$，而且下面二者之一会发生：

$\dfrac{K}{V} \in L^\infty(R^3)$ 或者存在 $p_0 \in (2,6)$ 使得 $\dfrac{K(x)}{V(x)^{\frac{6-p_0}{4}}} \to 0, |x| \to \infty$.

函数 $V(x), K(x)$ 的主要是刻画位势函数趋于零的情形.

3.1 一类分数阶 Kirchhoff 方程非平凡解的多重性研究

本节主要研究具有超线性非线性分数阶 Kirchhoff 方程（3.1）. 式中 $\lambda>0$ 是一个参数，a,b 是正常数满足 $M(t)=am(t)+b$，$m:R^+ \to R^+$ 是连续的，$V:R^N \times R \to R$ 是连续的，函数 f 在 $x \in R^N$ 中对于任意的 $2<k<2^*_\alpha$，$\left(2^*_\alpha = \dfrac{2N}{N-2\alpha}\right)$ 一致成立 $\lim\limits_{|t|\to\infty} \dfrac{f(x,t)}{|t|^{k-1}} = Q(x)$. 研究函数 m 和 Q 对解的存在个数的影响. 应用变分方法得到多解的存在性. 此外，值得一提的是还获得了基态解.

3.1.1 预备知识

研究具有陡势井函数的分数阶基尔霍夫方程式（3.1）所示的非平凡解的存在性.

式中，$0<\alpha<1$，$(-\Delta)^\alpha$ 表示分数阶的拉普拉斯算子上面方程与下面的模型有关

$$\rho u_{tt} - \left(\dfrac{P_0}{h} + \dfrac{E}{2L}\int_0^L |u_x|^2 \,\mathrm{d}x\right)u_{xx} = 0$$

式中，P_0, h, E, L 是常数上面方程由 Kirchhoff 在文献[1]中提出，作为弹性弦自由振动 D'Alembert 波动方程的扩展. Kirchhoff 的模型考虑了横向振动产生的弦长度变化.

在文献[2]中，Fiscella 和 Valdinoci 首先提出了一个具有齐次 Dirichlet 边界条件和临界非线性的稳态分数 Kirchhoff 变分模型：

$$\begin{cases} M\left(\int_{R^N}\left|(-\Delta)^{\frac{\alpha}{2}}u\right|^2 dx\right)(-\Delta)^\alpha u = \lambda f(x,u)+|u|^{2_\alpha^*-2}u, x\in R^N \\ u=0, \qquad\qquad\qquad\qquad\qquad\qquad\qquad\qquad x\in R^N|\Omega \end{cases}$$

式中，M 是连续的 Kirchhoff 函数，其模型情况由 $M(t)=a+bt$ 给出．他们证明了截断问题的解的存在性，还得到了问题方程弱解的变号问题．

关于分数阶基尔霍夫方程，有一些有趣的结果见文献[3-6, 9-11, 14-17, 19-21, 23, 24]．

另外，一些研究集中在分数阶 Kirchhoff 方程解的存在性和多重性上，见文献[25-34]．特别是在文献[29]中，研究了以下分数 Kirchhoff 方程：

$$\left(p+q(1-s)\iint_{R^{2N}}\frac{|u(x)-u(y)|}{|x-y|^{N+2s}}dxdy\right)(-\Delta)^s u=g(u), x\in R^N$$

在 Berestycki-Lions 类型的假设下，应用极小极大原理，建立了上述方程的前提是 q 足够小情况下，获得解的多重性结果．

另外在文献[30]中，作者研究了以下分数阶 p-Kirchhoff 方程多重解的存在性

$$\begin{cases} M\left(\int_{R^{2N}}\frac{|u(x)-u(y)|^p}{|x-y|^{n+ps}}dxdy\right)(-\Delta)_p^s u = \lambda|u|^{q-2}u+\frac{|u|^{r-2}u}{|x|^\alpha}, x\in\Omega \\ u=0, \qquad\qquad\qquad\qquad\qquad\qquad\qquad\qquad x\in R^N|\Omega \end{cases}$$

应用分形映射和 Nehari 流形，他们得到了 Hardy-Sobolev 次临界和临界情况下上述方程的多重解的存在性．

彭和夏（文献[31]）考虑了以下涉及分数拉普拉斯算子的凹凸椭圆方程非平凡解的存在性、多重性和集中性

$$\begin{cases} (-\Delta)^\alpha u+V_\lambda(x)u=\alpha(x)|u|^{q-2}u+b(x)|u|^{p-2}u, x\in R^N \\ u\geqslant 0, \qquad\qquad\qquad\qquad\qquad\qquad\qquad x\in R^N \end{cases}$$

他们通过应用 Nehari 流形分解研究获得了多重解．

受先前一些结果的启发，与其他文献不同，本书主要讨论函数 m 和 f 对解的数量的影响．本书发现，当关于 m 和 f 的假设不同时，可以获得不同解

的数量. 此外，本书还讨论了基态解的存在性.

下一步，假设位势函数 $V(x)$ 如下：(V_1)

(V_1) $V \in C(R^N, R)$，且在 R^N 中 $V \geq 0$.

(V_2) 存在 $c > 0$，使得集合 $\{V < c\} := \{x \in R^N \mid V(x) < c\}$ 是非空且有限可测的.

(V_3) 设 $\Omega = \text{int} V^{-1}(0)$ 是非空且有光滑边界 $\overline{\Omega} = V^{-1}(0)$.

(V_1) ~ (V_3) 由 Bartsch 和 Wang 介绍[24].

3.1.2 本节的主要结果

定理 3.1.1 假设 (V_1) ~ (V_3) 被满足，$N \geq 1$. 尤其，对于任意的 $2 < k < 2_\alpha^*$ 在 m 和 f 上有下面的 (F_1) ~ (F_3) 的假设：

(F_1) 存在常数 $m_\infty > 0$，使得对于任意的 $0 \leq \delta < \eta$ 有 $\lim\limits_{t \to \infty} \dfrac{m(t)}{t^{\frac{k-2}{2}}} = m_\infty$ 和

$\int_\delta^\eta m(t) dt \geq \dfrac{2(\eta - \delta)}{k} m(\eta)$.

(F_2) 存在 $Q \in L^\infty(R^N)$ 和 $0 \leq \mu < N - \dfrac{k(N-2\alpha)}{2}$ 满足在 $\overline{\Omega}$ 上 Q 不恒等于 0 和 $\liminf\limits_{|x| \to \infty} |x|^\mu Q(x) > 0$ 使得在 $x \in R^N$ 上 $\lim\limits_{t \to \infty} \dfrac{f(x,t)}{t^{k-1}} = Q(x)$ 一致成立.

(F_3) 对任意固定常数 $x \in (0, \infty)$，$t \to \dfrac{f(x,t)}{t^{k-1}}$ 是非减的函数，则对于任意的 $\lambda > \tilde{\gamma}$ 和 $a > 0$ 存在 $\tilde{\gamma} > 0$ 使得式（3.1）至少获得一个正解.

假设函数 m 满足以下假设来代替 (F_1)：

(F_4) 对于 $t \in (0, +\infty)$ 函数 $m(t)$ 是非减的.

(F_5) 存在常数 $m_0, \sigma > 0$ 和 ρ_0 使得对任意的 $t \geq \rho_0$ 有 $m(t) \geq m_0 t^\sigma$.

定理 3.1.2 假定 (V_1) ~ (V_3)，(F_4) 和 (F_5) 且 $\sigma \geq \dfrac{2N}{N-2\alpha}$，$N \geq 3$ 被满足. 另外，对任意实数 $2 < k < 2_\alpha^*$，假定函数 f 满足条件 (F_1)，(F_2). 则存在正常数 $\tilde{a}_*, \tilde{\gamma}_* > 0$ 使得对任意的 $0 < a < \tilde{a}_*$ 和 $\lambda > \tilde{\gamma}_*$，式（3.1）获得两个非零的正解 $u_{a,\lambda}^1$ 和 $u_{a,\lambda}^2$，且满足 $J_{a,\lambda}(u_{a,\lambda}^1) < 0 < J_{a,\lambda}(u_{a,\lambda}^2)$. 特别地，$u_{a,\lambda}^1$ 也是式（3.1）的一个基态解.

下面的假设将被用到.

（F_6）存在函数 $Q(x)$ 在 $\bar{\Omega}$ 上满足 $Q(x)$ 不恒等于 0 且对一些 $c^*>0$ 对 $Q(x) \leqslant c^*|x|^{\frac{k(N-2\alpha)}{2}-N}$ 在 $x \in R^N$ 上，使得 $\lim_{t \to \infty} \frac{f(x,t)}{t^{k-1}} = Q(x)$ 一致成立.

定理 3.1.3 假定（V_1）~（V_3），$N \geqslant 3$ 被满足. 另外，对任意实数 $2<k<2_\alpha^*$，假定满足条件（F_1），（F_3），（F_6）. 则存在正常数 $\tilde{\gamma}>0$，对任意的 $0<a<\frac{1}{m_\infty \tilde{\mu}_0^k}$ 和 $\lambda > \tilde{\gamma}$，使得式（3.1）至少有一个正解.

定理 3.1.4 假定（V_1）~（V_3），（F_3），$N \geqslant 3$ 被满足. 另外，对任意实数 $2<k<2_\alpha^*$，假定满足条件（F_4），$\sigma > \frac{k-2\alpha}{2\alpha}$，且（$F_6$），（$F_1$）成立. 则存在正常数 $\tilde{a}_*, \tilde{\gamma}_* > 0$，使得对任意的 $0<a<\tilde{a}_*$ 和 $\lambda > \tilde{\gamma}_*$，式（3.1）获得两个非零的正解 $u_{a,\lambda}^1$ 和 $u_{a,\lambda}^2$，且满足 $J_{a,\lambda}(u_{a,\lambda}^1) < 0 < J_{a,\lambda}(u_{a,\lambda}^2)$. 特别地，$u_{a,\lambda}^1$ 也是式（3.1）的一个基态解.

注：对任意的 $k \in [1, 2_\alpha^*-1)$，有下面定义

$$\lambda_0^k := \inf_{u \in E_0} \frac{\left(\int_\Gamma \frac{|u(x)-u(y)|^2}{|x-y|^{N+2\alpha}} \mathrm{d}x\mathrm{d}y\right)^{\frac{k+1}{2}}}{\int_\Omega Q(x)|u|^{k+1} \mathrm{d}x} > 0 \qquad (3.3)$$

式中，$\Gamma = R^{2N} \setminus (\Omega^c \times \Omega^c)$，$\Omega^c = R^N \setminus \Omega$，在 $\bar{\Omega}$ 上函数 $Q(x)$ 有界且 $Q^+ \neq 0$；

$$E_0 = \left\{ \varphi \in L^2(\Omega) \,\middle|\, \int_\Gamma \frac{|\varphi(x)-\varphi(y)|}{|x-y|^{N+2\alpha}} \mathrm{d}x\mathrm{d}y < \infty, \varphi(x)=0, x \in \Omega \right\}.$$

由 $\varphi_k \in E_0$ 且 $\int_\Omega Q(x)|u|^{k+1} \mathrm{d}x = 1$ 和在 Ω 上 $\varphi_k > 0$ 几乎处处成立，法图引理和从 E_0 到 $L^{k+1}(\Omega)$ 的紧嵌入定理[28]知上述的等式是可达的. 由条件（F_6）和式（3.3）容易看出对任意的 $1<k<2_\alpha^*$，下面极小问题成立

$$\tilde{\mu}_0^k := \inf_{u \in E_0} \frac{\left(\int_\Gamma \left|(-\Delta)^{\frac{\alpha}{2}} u\right|^2 \mathrm{d}x\right)^{\frac{k}{2}}}{\int_\Omega |x|^{\frac{k(N-2\alpha)}{2}-N} |u|^k \mathrm{d}x} > \frac{\bar{v}_1^{(k)}}{c^*} > 0 \qquad (3.4)$$

第 3 章　分数阶基尔霍夫方程多解的存在性及集中性带有深井位势函数研究

3.1.3　定理证明

1. 知识准备

收集分数拉普拉斯算子的一些初步结果. 分数阶 Sobolev 空间 $H^\alpha(R^N)$ 的完整引入可以在文献[29]中找到.

对任意的 $\alpha \in (0,1)$，分数阶 Sobolev 空间 $H^\alpha(R^N)$ 有下面的定义

$$H^\alpha(R^N) := \left\{ u \in L^2(R^N) : \frac{|u(x)-u(y)|}{|x-y|^{\frac{N+2\alpha}{2}}} \in L^2(R^N \times R^N) \right\}$$

众所周知下面等式：

$$\int_{R^{2N}} \frac{|u(x)-u(y)|^2}{|x-y|^{N+2\alpha}} dxdy = c_\alpha^{-1} \int_{R^N} \left|(-\Delta)^{\frac{\alpha}{2}} u\right|^2 dx$$

式中，$c_\alpha = \dfrac{1}{2}\left(\int_{R^N} \dfrac{1-\cos\zeta}{|\zeta|^{N+2\alpha}} d\zeta\right)^{-1}$.

空间 $H^\alpha(R^N)$ 相应的范数为

$$E = \{u \in H^\alpha(R^N) : \int_{R^N} V(x)u^2 dx < +\infty\}, E_\lambda = \{u \in H^\alpha(R^N) : \int_{R^N} \lambda V(x)u^2 dx < +\infty\}$$

相应的能够赋予 Hilbert 空间对应的内积有

$$\langle u,u \rangle = \|u\|^2_{H^\alpha(R^N)} = \int_{R^N} \left(\left|(-\Delta)^{\frac{\alpha}{2}} u\right|^2 + V(x)u^2\right) dx, u \in H^\alpha(R^N)$$

和

$$\langle u,u \rangle_\lambda = \|u\|^2_{H^\alpha(R^N),\lambda} = \int_{R^N} \left(\left|(-\Delta)^{\frac{\alpha}{2}} u\right|^2 + \lambda V(x)u^2\right) dx, u \in H^\alpha(R^N)$$

$H^\alpha(R^N)$ 是 $C_0^\infty(R^N)$ 完备子空间，赋予范数为 $\|\bullet\|_{H^\alpha(R^N)}$，它是连续嵌入 $L^q(R^N)$，$q \in [1,2^*_\alpha]$. 空间 $D^{\alpha,2}(R^N)$ 有下面定义

$$D^{\alpha,2}(R^N) := \left\{ u \in L^{2^*_\alpha}(R^N) : \frac{|u(x)-u(y)|}{|x-y|^{\frac{N+2\alpha}{2}}} \in L^2(R^N \times R^N) \right\}$$

$D^{\alpha,2}(R^N)$ 也是 $C_0^\infty(R^N)$ 完备子空间，相应地赋予范数为

$$\|u\|_{D^{\alpha,2}} = \left(\int_{R^N} \left|(-\Delta)^{\frac{\alpha}{2}} u\right|^2 dx\right)^{\frac{1}{2}}$$

在 E_λ 上定义能量泛函 $J_{\lambda,a}$：对所有的 $u \in H^\alpha(R^N)$，

$$J_{\lambda,a}(u) = \frac{a}{2}\hat{m}\left(\int_{R^N}\left|(-\Delta)^{\frac{\alpha}{2}}u\right|^2 dx\right) + \frac{1}{2}\left(b\int_{R^N}\left|(-\Delta)^{\frac{\alpha}{2}}u\right|^2 dx + \int_{R^N}\lambda V(x)u^2 dx\right) - \int_{R^N} F(x,u)dx \quad (3.5)$$

而且，容易证明 $J_{\lambda,a} \in C^1(H^\alpha(R^N), R)$，如果 ϕ 是式（3.1）的一个解，则有

$$\langle J'_{\lambda,a}(u), \phi\rangle = \left[am\left(\int_{R^N}\left|(-\Delta)^{\frac{\alpha}{2}}u\right|^2 dx\right) + b\right]\int_{R^N}(-\Delta)^{\frac{\alpha}{2}}u(-\Delta)^{\frac{\alpha}{2}}\phi dx + \int_{R^N}\lambda V(x)u\phi dx - \int_{R^N}f(x,u)\phi dx \quad \forall \phi \in H^\alpha(R^N) \quad (3.6)$$

以下不等式将应用于一些相关定理.

对任意的 $\lambda > 0$，由条件（V_1）和分数阶 Gagliardo-Nirenberg[30]，有

$$\int_{R^N} u^2 dx = \int_{\{V \geq c\}} u^2 dx + \int_{\{V < c\}} u^2 dx$$

$$\leq \frac{1}{c}\int_{\{V \geq c\}} V(x)u^2 dx + \left(|\{V<c\}|\int_{R^N}u^4 dx\right)^{\frac{1}{2}}$$

$$\leq \frac{1}{c}\int_{R^N} V(x)u^2 dx + \beta^2 |\{V<c\}|^{\frac{1}{2}} \|u\|_{D^{1,2}}^{\frac{N}{2}} \|u\|_{L^2}^{\frac{4-N}{4}}$$

$$\leq \frac{1}{c}\int_{R^N} V(x)u^2 dx + \frac{N\beta^{\frac{8}{N}}}{4}|\{V<c\}|^{\frac{2}{N}}\int_{R^N}\left|(-\Delta)^{\frac{\alpha}{2}}u\right|^2 dx + \left(1-\frac{N}{4}\right)\int_{R^N}u^2 dx$$

这样推断出

$$\int_{R^N} u^2 dx \leq \frac{4}{Nc}\int_{R^N} V(x)u^2 dx + \beta^{\frac{8}{N}}|\{V<c\}|^{\frac{2}{N}}\int_{R^N}\left|(-\Delta)^{\frac{\alpha}{2}}u\right| dx$$

$$\leq \left(1 + \beta^{\frac{8}{N}}|\{V<c\}|^{\frac{2}{N}}\right)\|u\|_{H^\alpha(R^N),\lambda}^2 \quad (3.7)$$

对任意 $\lambda \geq \frac{4}{Nc}\left(1 + \beta^{\frac{8}{N}}|\{V<c\}|^{\frac{2}{N}}\right)^{-1}$ 成立.

第 3 章　分数阶基尔霍夫方程多解的存在性及集中性带有深井位势函数研究

$$S_\alpha := \inf_{u \in D^{2,\alpha}, u \neq 0} \frac{\int_{R^N} \left|(-\Delta)^{\frac{\alpha}{2}} u\right|^2 dx}{\left(\int_{R^N} |u|^{2^*_\alpha} dx\right)^{\frac{2}{2^*_\alpha}}}$$（文献[31]定理 1.1）.

$$\int_{R^N} |u|^r dx \leqslant \left(\int_{R^N} |u|^2 dx\right)^{\frac{2^*_\alpha - r}{2^*_\alpha - 2}} \left(\int_{R^N} |u|^{2^*_\alpha} dx\right)^{\frac{r-2}{2^*_\alpha - 2}}$$

$$= \left(\int_{\{V \geqslant c\}} |u|^2 dx + \int_{\{V < c\}} |u|^2 dx\right)^{\frac{2^*_\alpha - r}{2^*_\alpha - 2}} \left(S_\alpha^{-2^*_\alpha} \left(\int_{R^N} \left|(-\Delta)^{\frac{\alpha}{2}} u\right|^2 dx\right)^{\frac{2^*_\alpha}{2}}\right)^{\frac{r-2}{2^*_\alpha - 2}}$$

$$\leqslant \left(\frac{1}{\lambda c} \int_{R^N} \lambda V(x) u^2 dx + |\{V < c\}|^{\frac{2^*_\alpha - 2}{2^*_\alpha}} S_\alpha^{-2} \int_{R^N} \left|(-\Delta)^{\frac{\alpha}{2}} u\right|^2 dx\right)^{\frac{r-2}{2^*_\alpha - 2}} \cdot$$

$$\left[S_\alpha^{-2^*_\alpha} \left(\int_{R^N} \left(\left|(-\Delta)^{\frac{\alpha}{2}} u\right|^2 + \lambda V(x) u^2\right) dx\right)^{\frac{2^*_\alpha}{2}}\right]^{\frac{r-2}{2^*_\alpha - 2}}$$

$$\leqslant \left[\max \left\{\frac{1}{\lambda c}, S_\alpha^{-2} |\{V < c\}|^{\frac{2^*_\alpha - 2}{2^*_\alpha}}\right\} \int_{R^N} \left(\left|(-\Delta)^{\frac{\alpha}{2}} u\right|^2 + \lambda V(x) u^2\right) dx\right]^{\frac{2^*_\alpha - r}{2^*_\alpha - 2}} S_\alpha^{\frac{-2^*_\alpha (r-2)}{2^*_\alpha - 2}} \cdot$$

$$\left[\left(\int_{R^N} \left(\left|(-\Delta)^{\frac{\alpha}{2}} u\right|^2 + \lambda V(x) u^2\right) dx\right)^{\frac{2^*_\alpha}{2}}\right]^{\frac{2^*_\alpha (r-2)}{2^*_\alpha - 2}}$$

$$\leqslant |\{V < c\}|^{\frac{2^*_\alpha - r}{2^*_\alpha}} S_\alpha^{-r} \|u\|^r_{H^\alpha(R^N), \lambda} \tag{3.8}$$

对 $\lambda \geqslant \frac{S_\alpha^2}{c} |\{V < c\}|^{\frac{2^*_\alpha - r}{2^*_\alpha}}$ 成立.

因为对 $N = 1, 2$. 嵌入 $H^\alpha(R^N) \hookrightarrow L^q(R^N), (2 \leqslant q < +\infty)$ 是连续的. 类似（3.8），有

$$\int_{R^N} |u|^r dx \leqslant S_\alpha^{-r} \left(1 + \beta^{\frac{8}{N}} |\{V < c\}|^{\frac{2}{N}}\right)^{\frac{r}{2}} \|u\|^r_{H^\alpha(R^N), \lambda}$$

设

$$\gamma_N := \begin{cases} \dfrac{4}{Nc\left(1+\beta^{\frac{8}{N}}|\{V<c\}|^{\frac{2}{N}}\right)}, N=1,2 \\ \dfrac{S_\alpha^2}{c}|\{V<c\}|^{-\frac{2}{N}}, N \geqslant 3 \end{cases} \tag{3.9}$$

和

$$\tau_{r,N} := \begin{cases} S_\alpha^{-r}\left(1+\beta^{\frac{8}{N}}|\{V<c\}|^{\frac{2}{N}}\right)^{\frac{r}{2}}, N=1,2 \\ |\{V<c\}|^{\frac{2_\alpha^*-r}{2_\alpha^*}} S_\alpha^{-r}, N \geqslant 3 \end{cases} \tag{3.10}$$

2. 证明过程

1）引理的证明

为了完成定理 3.1.1～3.1.4 的证明，需要以下结论.

引理 3.1.1 如果条件（V_1）～（V_3）和（F_1），（F_2）被满足. 则对任意的 $\lambda \geqslant \gamma_N$，存在 $\|u\|_{H^\alpha(R^N),\lambda}=r_0>0$ 和常数 $\rho_0>0$ 使得

$$\inf J_{\lambda,a}(u): u \in E_\lambda 且 \|u\|_{H^\alpha(R^N),\lambda}=r_0 > \rho_0$$

证明 从条件 (F_1) 和 (F_2) 得

$$f(x,t) \leqslant Q(x)t^{k-1}, \forall t \geqslant 0 \tag{3.11}$$

$$F(x,t) \leqslant \frac{1}{k}Q(x)t^k, \forall t \geqslant 0 \tag{3.12}$$

因此，利用式（3.10）和式（3.12），对 $u \in E_\lambda$ 和 $\lambda \geqslant \gamma_N$，有

$$\int_{R^N} F(x,u)\mathrm{d}x \leqslant \frac{|Q|_\infty \tau_{k,N}}{k}\|u\|_{H^\alpha(R^N),\lambda}^k$$

能够推断出

$$J_{\lambda,a}(u) = \frac{a}{2}\hat{m}\left(\int_{R^N}\left|(-\Delta)^{\frac{\alpha}{2}}u\right|^2 \mathrm{d}x\right) + \frac{1}{2}\left(b\int_{R^N}\left|(-\Delta)^{\frac{\alpha}{2}}u\right|^2 \mathrm{d}x + \int_{R^N}\lambda V(x)u^2 \mathrm{d}x\right) -$$

$$\int_{R^N} F(x,u)\mathrm{d}x$$

$$\geqslant \min\left\{\frac{1}{2},\frac{b}{2}\right\}\|u\|_{H^\alpha(R^N),\lambda}^2 - \frac{|Q|_\infty \tau_{k,N}}{k}\|u\|_{H^\alpha(R^N),\lambda}^k$$

所以对足够小 $\|u\|_{H^\alpha(R^N),\lambda}=r_0>0$，存在常数 $\rho_0>0$ 使得

$$\inf J_{\lambda,a}(u): u\in E_\lambda, \text{且} \|u\|_{H^\alpha(R^N),\lambda}=r_0>\rho_0 \quad \forall \lambda\geq\gamma_N, \quad 2<k<2_\alpha^*.$$

通过引理 3.1.2 和引理 3.1.3，能够证明函数 $J_{\lambda,a}(u)$ 满足山路几何条件.

引理 3.1.2 如果条件（V_1）~（V_3）和（F_3），（F_6）满足. 则对任意的 $\lambda\geq\gamma_N$ 和 $a>0$，存在 $\|u\|_{H^\alpha(R^N),\lambda}=r_0>0$ 和常数 $\rho_0>0$ 使得

$$\inf J_{\lambda,a}(u): u\in E_\lambda \text{且} \|u\|_{H^\alpha(R^N),\lambda}=r_0>\rho_0.$$

证明 由假设条件（F_3）和（F_6），有

$$f(x,t)\leq c^*|x|^{\left(\frac{k(N-2\alpha)}{2}-N\right)}t^{k-1}, \forall t\geq 0 \tag{3.13}$$

$$F(x,t)\leq \frac{c^*}{k}|x|^{\left(\frac{k(N-2\alpha)}{2}-N\right)}t^k, \forall t\geq 0 \tag{3.14}$$

因此，由式（3.3）和式（3.14），对 $u\in E_\lambda$ 和 $\lambda\geq\gamma_N$，有

$$\int_{R^N} F(x,u)\mathrm{d}x \leq \frac{c^*}{k}\int_{R^N}|x|^{\left(\frac{k(N-2\alpha)}{2}-N\right)}|u|^k \mathrm{d}x \leq \frac{c^*}{k\overline{v}_1^{(k)}}\left(\int_{R^N}\left|(-\Delta)^{\frac{\alpha}{2}}u\right|^2 \mathrm{d}x\right)^{\frac{k}{2}}$$

$$\leq \frac{c^*}{k\overline{v}_1^{(k)}}\|u\|_{H^\alpha(R^N),\lambda}^k \tag{3.15}$$

因此能推断出

$$J_{\lambda,a}(u)\geq \frac{1}{2}\left(b\int_{R^N}\left|(-\Delta)^{\frac{\alpha}{2}}u\right|^2 \mathrm{d}x + \int_{R^N}\lambda V(x)u^2\mathrm{d}x\right) - \frac{c^*}{k\overline{v}_1^{(k)}}\|u\|_{H^\alpha(R^N),\lambda}^k$$

$$\geq \min\left\{\frac{1}{2},\frac{b}{2}\right\}\|u\|_{H^\alpha(R^N),\lambda}^2 - \frac{c^*}{k\overline{v}_1^{(k)}}\|u\|_{H^\alpha(R^N),\lambda}^k$$

所以对足够小 $\|u\|_{H^\alpha(R^N),\lambda}=r_0>0$，存在常数 $\rho_0>0$ 使得

$$\inf J_{\lambda,a}(u): u\in E_\lambda \text{且} \|u\|_{H^\alpha(R^N),\lambda}=r_0>\rho_0 \quad \forall \lambda\geq\gamma_N, \quad 2<k<2_\alpha^*.$$

证毕.

引理 3.1.3 如果满足条件（V_1）~（V_3）和（F_1）~（F_3），类似于引理 3.1.1 中的 r_0，则存在 $v_0\in E_\lambda$ 且 $\|v_0\|_{H^\alpha(R^N),\lambda}>r_0$ 使得 $J_{\lambda,a}(v_0)<0$，λ,a 为正常数.

证明 设 $u\in E_\lambda\setminus\{0\}$ 且 $u>0$，定义 $u_n(x)=n^{-\frac{N}{k}}u\left(\frac{x}{n}\right)$. 容易计算出下面结果：

$$\int_{R^N}\left|(-\Delta)^{\frac{\alpha}{2}}u_n\right|^2 dx = n^{N-2\alpha-\frac{2N}{k}}\int_{R^N}\left|(-\Delta)^{\frac{\alpha}{2}}u\right|^2 dx$$

$$\int_{R^N} Q(x)u_n^k dx = n^{-N}\int_{R^N} Q(x)u^k\left(\frac{x}{n}\right)dx = \int_{R^N} Q(nx)u^k(x)dx$$

用 (F_2) 和法图引理，得

$$\frac{\left(\int_{R^N}\left|(-\Delta)^{\frac{\alpha}{2}}u_n\right|^2 dx\right)^k}{\int_{R^N} Q(x)u_n^k dx} = \frac{n^{-\left(N-\frac{k(N-2\alpha)}{2}\right)}\left(\int_{R^N}\left|(-\Delta)^{\frac{\alpha}{2}}u\right|^2 dx\right)^k}{\int_{R^N} Q(nx)u^k dx} = \frac{\left(\int_{R^N}\left|(-\Delta)^{\frac{\alpha}{2}}u\right|^2 dx\right)^{2k}}{n^{\left(N-\frac{k(N-2\alpha)}{2}\right)}\int_{R^N} Q(x)u^k dx}$$

$$\leqslant \frac{\Omega_0^\mu \int_{R^N}\left|(-\Delta)^{\frac{\alpha}{2}}u\right|^2 dx}{Cn^{N-\frac{k(N-2\alpha)}{2}-\mu}\int_{|x|\leqslant\Omega_0} u^k(x) dx} \to 0, n\to\infty$$

进一步，得

$$\inf_{u\in E}\frac{\left(\int_{R^N}\left|(-\Delta)^{\frac{\alpha}{2}}u_n\right|^2 dx\right)^{\frac{k}{2}}}{\int_{R^N} Q(x)u_n^k dx} = 0$$

因此，对于任意的 $a>0$，存在 $\phi_k \in E\setminus\{0\}$ 且 $\phi_k > 0$ 使得

$$am_\infty\left(\int_{R^N}\left|(-\Delta)^{\frac{\alpha}{2}}\phi_k\right|^2 dx\right)^k - \int_{R^N} Q(x)\phi_k^k dx < 0 \quad (3.16)$$

应用式（3.16）和条件 $(F_1) \sim (F_3)$，以及勒贝格控制收敛定理，得

$$\lim_{t\to+\infty}\frac{J_{\lambda,a}(t\phi_k)}{t^k} = \lim_{t\to+\infty}\frac{1}{2t^{k-2}}\left(b\int_{R^N}\left|(-\Delta)^{\frac{\alpha}{2}}\phi_k\right|^2 dx + \int_{R^N}\lambda V(x)\phi_k^2 dx\right)+$$

$$\lim_{t\to+\infty}\left[\frac{a\hat{m}\left(t^2\int_{R^N}\left|(-\Delta)^{\frac{\alpha}{2}}\phi_k\right|^2 dx\right)}{\left(2t^k\int_{R^N}\left|(-\Delta)^{\frac{\alpha}{2}}\phi_k\right|^2 dx\right)^k}\int_{R^N}\left|(-\Delta)^{\frac{\alpha}{2}}\phi_k\right|^k dx - \int_{R^N}\frac{F(x,t\phi_k)}{t^k\phi_k^k}\phi_k^k dx\right]$$

$$\leqslant \frac{1}{k}\left[\left(am_\infty\int_{R^N}\left|(-\Delta)^{\frac{\alpha}{2}}\phi_k\right|^2 dx\right)^k - \int_{R^N} Q(x)\phi_k^k dx\right] < 0$$

这意味着当 $t \to +\infty$ 时, $J_{\lambda,a}(t\phi_k) \to -\infty$. 因此, 存在 $v_0 \in E_\lambda$ 且 $\|v_0\|_{H^\alpha(R^N),\lambda} > r_0$ 使得 $J_{\lambda,a}(v_0) < 0$, λ, a 为正常数.

证毕.

引理 3.1.4 如果满足条件 $(V_1) \sim (V_3)$ 和 $(F_2) \sim (F_3)$, 类似于引理 3.1.1 的 r_0, 则存在 $\tilde{a}_* > 0$ 和 $v_0 \in E_\lambda$ 且 $\|v_0\|_{H^\alpha(R^N),\lambda} > r_0$, 使得 $J_{\lambda,a}(v_0) < 0$, $\forall 0 < a < \tilde{a}_*, \lambda > 0$.

证明 由引理 3.1.3, 用条件 (F_2), 设 $\phi_k > 0$ 对于 $\phi_k \in E \setminus \{0\}$ 满足 $\int_{R^N} Q(x)\phi_k^k dx > 0$. 则从条件 (F_2)、(F_3) 和勒贝格控制定理, 有

$$\lim_{t \to +\infty} \frac{J_{\lambda,0}(t\phi_k)}{t^k} = \lim_{t \to +\infty} \frac{1}{2t^{k-2}} \left(b \int_{R^N} \left|(-\Delta)^{\frac{\alpha}{2}} \phi_k \right|^2 dx + \int_{R^N} \lambda V(x) \phi_k^2 dx \right) -$$

$$\lim_{t \to +\infty} \int_{R^N} \frac{F(x, t\phi_k)}{t^k \phi_k^k} dx$$

$$\leq -\frac{1}{k} \int_{R^N} Q(x) \phi_k^k dx < 0$$

式中, 当 $a = 0$ 时, $J_{\lambda,a}(v) = J_{\lambda,0}(v)$. 所以当 $t \to +\infty$ 时, $J_{\lambda,0}(t\phi_k) \to -\infty$, 则存在 $v_0 \in E_\lambda$ 且 $\|v_0\|_{H^\alpha(R^N),\lambda} > r_0$, 使得 $J_{\lambda,0}(v_0) < 0$. 因为当 $a \to 0^+$ 时, $J_{\lambda,a}(v_0) \to J_{\lambda,0}(v_0)$, 所以得到存在 $\tilde{a}_* > 0$ 和 $v_0 \in E_\lambda$ 且 $\|v_0\|_{H^\alpha(R^N),\lambda} > r_0$ 使得 $J_{\lambda,a}(v_0) < 0$, $\forall 0 < a < \tilde{a}_*, \lambda > 0$.

证毕.

引理 3.1.5 如果满足条件 $(V_1) \sim (V_3)$ 和 $(F_1), (F_3), (F_6)$. 类似于引理 3.1.1, $r_0 > 0$ 则对于任意的 $0 < a < \dfrac{1}{m_\infty \tilde{\mu}_0^{(k)}}$, 存在 $v_0 \in E_\lambda$ 且 $\|v_0\|_{H^\alpha(R^N),\lambda} > r_0$, 使得 $J_{\lambda,a}(v_0) < 0$, $\forall \lambda > 0$.

证明 从式 (3.4) 可以推断出对任意的 $0 < a < \dfrac{1}{m_\infty \tilde{\mu}_0^{(k)}}$, 存在 $\varphi_k \in H^\alpha(R^N)$ 且 $\varphi_k > 0$ 使得

$$\tilde{\mu}_0^k \leq \frac{\left(\int_{R^N} \left|(-\Delta)^{\frac{\alpha}{2}} \varphi_k \right|^2 dx \right)^k}{\int_{R^N} Q(x) \varphi_k^k dx} < \frac{1}{am_\infty}$$

这蕴含着

$$am_\infty\left(\int_{R^N}\left|(-\Delta)^{\frac{\alpha}{2}}\varphi_k\right|^2 dx\right)^k - \int_{R^N}Q(x)\varphi_k^k dx < \frac{1}{\tilde{\mu}_0^k}\left(\int_{R^N}\left|(-\Delta)^{\frac{\alpha}{2}}\varphi_k\right|^2 dx\right)^k - \int_{R^N}Q(x)\varphi_k^k dx \leqslant 0$$

（3.17）

用式（3.17）联合条件 $(F_1),(F_3),(F_6)$ 以及勒贝格控制收敛定理，得

$$\lim_{t\to+\infty}\frac{J_{\lambda,a}(t\varphi_k)}{t^k} = \lim_{t\to+\infty}\frac{1}{t^{2k-2}}\left(b\int_{R^N}\left|(-\Delta)^{\frac{\alpha}{2}}\varphi_k\right|^2 dx + \int_{R^N}\lambda V(x)\varphi_k^2 dx\right) +$$

$$\lim_{t\to+\infty}\left[\frac{a\hat{m}\left(t^2\int_{R^N}\left|(-\Delta)^{\frac{\alpha}{2}}\varphi_k\right|^2 dx\right)}{2t^k\left(\int_{R^N}\left|(-\Delta)^{\frac{\alpha}{2}}\varphi_k\right|^2 dx\right)}\left(\int_{R^N}\left|(-\Delta)^{\frac{\alpha}{2}}\varphi_k\right|^2 dx\right)^k - \int_{R^N}\frac{F(x,t\varphi_k)}{t^k\varphi_k^k}dx\right]$$

$$\leqslant \frac{\left(am_\infty\int_{R^N}\left|(-\Delta)^{\frac{\alpha}{2}}\varphi_k\right|^2 dx\right)^k}{k} - \frac{1}{k}\int_{R^N}Q(x)\varphi_k^k dx$$

$$= \frac{1}{k}\left(am_\infty\left(\int_{R^N}\left|(-\Delta)^{\frac{\alpha}{2}}\varphi_k\right|^2 dx\right)^k - \int_{R^N}Q(x)\varphi_k^k dx\right) \leqslant 0$$

即，当 $t\to+\infty$ 时，$J_{\lambda,0}(t\varphi_k)\to-\infty$，对任意的 $0<a<\dfrac{1}{m_\infty\tilde{\mu}_0^{(k)}}$，得存在 $v_0\in E_\lambda$ 且 $\|v_0\|_{H^\alpha(R^N),\lambda}>r_0$ 使得 $J_{\lambda,a}(v_0)<0$，$\forall \lambda>0$.

证毕.

引理 3.1.6 如果满足条件 $(V_1)\sim(V_3)$ 和 $(F_3),(F_6)$。类似于引理3.2 $r_0>0$，则对于任意的 $0<\bar{a}_*$，存在 $v_0\in E_\lambda$ 且 $\|v_0\|_{H^\alpha(R^N),\lambda}>r_0$，使得 $J_{\lambda,a}(v_0)<0$，$\forall 0<a<\bar{a}_*,\lambda>0$.

证明 类似于引理3.1.4的证明过程，可以证得，此处不再赘述.

由引理3.1.1和引理3.1.3和山路引理[32]，得对任意的 $\lambda\geqslant\gamma_N$ 和 $a>0$，存在一个序列 $\{u_n\}\subset E_\lambda$ 使得，当 $n\to\infty$ 时

$$J_{a,\lambda}(u_n)\to\alpha_{a,\lambda} \text{ 和 } (1+\|u_n\|_{H^\alpha(R^N),\lambda})\|J'_{a,\lambda}\|_{E_\lambda^{-1}}\to 0 \ (0\leqslant\alpha_{\lambda,a}\leqslant\alpha_{a,0}\leqslant D_a) \quad (3.18)$$

引理 3.1.7 如果条件 $(V_1)\sim(V_3)$，(F_1) 和 (F_3) 被满足. 则对任意的常数

$a>0$ 和 $\lambda \geqslant \gamma_N$，在 E_λ 中和式（3.18）中所定义的一样的有界序列 $\{u_n\}$.

证明 用 (F_3) 对任意的 $t>0$，得

$$F(x,t)-\frac{1}{k}f(x,t)t = \int_0^t\left(\frac{f(x,s)}{s^{k-1}}-\frac{f(x,t)}{t^{k-1}}\right)s^{k-1}\mathrm{d}s \leqslant 0 \qquad (3.19)$$

对于 $n\to\infty$，注意到条件 (F_3) 和式（3.18），式（3.19），有

$$\begin{aligned}
\alpha_{\lambda,a}+1 &\geqslant J_{\lambda,a}(u_n)-\frac{1}{k}\langle J'_{\lambda,a}(u_n),u_n\rangle \\
&= \frac{k-2}{2k}\left(b\int_{R^N}\left(\left|(-\Delta)^{\frac{\alpha}{2}}u_n\right|^2\mathrm{d}x+\lambda V(x)u_n^2\right)\mathrm{d}x\right)+ \\
&\quad \frac{a}{2}\left[\hat{m}\left(\int_{R^N}\left|(-\Delta)^{\frac{\alpha}{2}}u_n\right|^2\mathrm{d}x\right)-\frac{2}{k}m\left(\int_{R^N}\left|(-\Delta)^{\frac{\alpha}{2}}u_n\right|^2\mathrm{d}x\right)\int_{R^N}\left|(-\Delta)^{\frac{\alpha}{2}}u_n\right|^2\mathrm{d}x\right]- \\
&\quad \int_{R^N}\left[F(x,u_n)-\frac{1}{k}f(x,u_n)u_n\right]\mathrm{d}x \\
&\geqslant \frac{(k-2)\min\{b,1\}}{2k}\int_{R^N}\left(\left|(-\Delta)^{\frac{\alpha}{2}}u_n\right|^2+\lambda V(x)u_n^2\right)\mathrm{d}x
\end{aligned}$$

因此，推断出对任意的常数 $a>0$ 和 $\lambda \geqslant \gamma_N$，在 E_λ 中和式（3.18）中所定义的一样的有界序列 $\{u_n\}$.

引理 3.1.8 如果满足条件 $(V_1)\sim(V_3)$，(F_5) 且 $\sigma \geqslant \dfrac{2\alpha}{N-2\alpha}$ 和 (F_2)，(F_3) 对于 $N\geqslant 3$ 成立则，对任意的 $0<a<\tilde{a}_*$ 和

$$\lambda > \tilde{\Lambda}_0 := \begin{cases} \dfrac{|Q|_\infty}{c_0}\max\left\{\dfrac{|Q|_\infty}{am_0 S_\alpha^{2_\alpha^*}},\dfrac{2_\alpha^*-k}{2_\alpha^*-2}\right\},\sigma=\dfrac{2\alpha}{N-2\alpha} \\ \dfrac{|Q|_\infty(2_\alpha^*-k)}{c_0(2_\alpha^*-2)},\sigma>\dfrac{2\alpha}{N-2\alpha} \end{cases}$$

得在 E_λ 和式（3.18）中所定义的一样的有界序列 $\{u_n\}$.

证明 （1）$\sigma=\dfrac{2\alpha}{N-2\alpha}$.

注意到 $2(\sigma+1)=2_\alpha^*$，采用反证法.

设当 $n \to \infty$ 时，$\|u_n\|_{H^\alpha(R^N),\lambda} \to \infty$，分三种情况讨论.

情形 I：$\int_{R^N} \left|(-\Delta)^{\frac{\alpha}{2}} u\right|^2 \mathrm{d}x \to \infty$ 和

$$\frac{\int_{R^N} \lambda V(x) u_n^2 \mathrm{d}x}{\left(\int_{R^N} \left|(-\Delta)^{\frac{\alpha}{2}} u\right|^2 \mathrm{d}x\right)^{2\sigma+2}} = \lambda c_0 S_\alpha^{2_\alpha^*} \left(\frac{|Q|_\infty}{\lambda c_0}\right)^{\frac{2_\alpha^*-2}{k-2}} \qquad (3.20)$$

利用式（3.18），得

$$\frac{\langle J'_{\lambda,a}(u_n), u_n \rangle}{\left(\int_{R^N} \left|(-\Delta)^{\frac{\alpha}{2}} u\right|^2 \mathrm{d}x\right)^{2(\sigma+1)}} = o(1)$$

应用条件 (F_5) 和（3.11），得

$$o(1) = \frac{am\left(\int_{R^N} \left|(-\Delta)^{\frac{\alpha}{2}} u_n\right|^2 \mathrm{d}x\right) \int_{R^N} \left|(-\Delta)^{\frac{\alpha}{2}} u_n\right|^2 \mathrm{d}x}{\left(\int_{R^N} \left|(-\Delta)^{\frac{\alpha}{2}} u_n\right|^2 \mathrm{d}x\right)^{2(\sigma+1)}} +$$

$$\frac{b \int_{R^N} \left|(-\Delta)^{\frac{\alpha}{2}} u_n\right|^2 \mathrm{d}x + \int_{R^N} \lambda V(x) u_n^2 \mathrm{d}x}{\left(\int_{R^N} \left|(-\Delta)^{\frac{\alpha}{2}} u_n\right|^2 \mathrm{d}x\right)^{2(\sigma+1)}} - \frac{\int_{R^N} f(x,u_n) u_n \mathrm{d}x}{\left(\int_{R^N} \left|(-\Delta)^{\frac{\alpha}{2}} u_n\right|^2 \mathrm{d}x\right)^{2(\sigma+1)}}$$

$$\geq am_0 + \frac{b}{\left(\int_{R^N} \left|(-\Delta)^{\frac{\alpha}{2}} u_n\right|^2 \mathrm{d}x\right)^{2\sigma}} + \frac{\int_{R^N} \lambda V(x) u_n^2 \mathrm{d}x - |q|_\infty \int_{R^N} |u_n|^k \mathrm{d}x}{\left(\int_{R^N} \left|(-\Delta)^{\frac{\alpha}{2}} u_n\right|^2 \mathrm{d}x\right)^{2(\sigma+1)}} \qquad (3.21)$$

还可以得

$$\int_{R^N} |u_n|^k \mathrm{d}x \leq S_\alpha^{-\frac{2_\alpha^*(k-2)}{2_\alpha^*-2}} (\lambda c_0)^{-\frac{2_\alpha^*-k}{2_\alpha^*-2}} \left(\int_{R^N} \lambda V(x) u_n^2 \mathrm{d}x\right)^{-\frac{2_\alpha^*-k}{2_\alpha^*-2}} \left(\int_{R^N} \left|(-\Delta)^{\frac{\alpha}{2}} u_n\right|^2 \mathrm{d}x\right)^{-\frac{2_\alpha^*(k-2)}{2_\alpha^*-2}} +$$

$$|\{V < c_0\}|^{\frac{2_\alpha^*-k}{2_\alpha^*}} S_\alpha^{-k} \left(\int_{R^N} \left|(-\Delta)^{\frac{\alpha}{2}} u_n\right|^2 \mathrm{d}x\right)^{2k}$$

第 3 章 分数阶基尔霍夫方程多解的存在性及集中性带有深井位势函数研究

这样，得

$$\frac{\int_{R^N}\lambda V(x)u_n^2\mathrm{d}x - |Q|_\infty \int_{R^N}|u_n|^k\mathrm{d}x}{\left(\int_{R^N}\left|(-\Delta)^{\frac{\alpha}{2}}u_n\right|^2\mathrm{d}x\right)^{2(\sigma+1)}}$$

$$\geqslant \frac{\int_{R^N}\lambda V(x)u_n^2\mathrm{d}x}{\left(\int_{R^N}\left|(-\Delta)^{\frac{\alpha}{2}}u_n\right|^2\mathrm{d}x\right)^{2(\sigma+1)}}\left[1-|Q|_\infty (\lambda c_0)^{-\frac{2_\alpha^*-k}{2_\alpha^*-2}}\left(\frac{S_\alpha^{-2_\alpha^*}\left(\int_{R^N}\left|(-\Delta)^{\frac{\alpha}{2}}u_n\right|^2\mathrm{d}x\right)^{2_\alpha^*}}{\int_{R^N}\lambda V(x)u_n^2\mathrm{d}x}\right)^{\frac{k-2}{2_\alpha^*-2}}\right]-$$

$$\frac{|Q|_\infty |\{V<c_0\}|^{\frac{2_\alpha^*-k}{2_\alpha^*}}}{S_\alpha^k\left(\int_{R^N}\left|(-\Delta)^{\frac{\alpha}{2}}u_n\right|^2\mathrm{d}x\right)^{2(\sigma+1)-k}} \quad (3.22)$$

接下来，利用式（3.20）～式（3.22），有

$$o(1) \geqslant am_0 + \frac{b}{\left(\int_{R^N}\left|(-\Delta)^{\frac{\alpha}{2}}u_n\right|^2\mathrm{d}x\right)^{2\sigma}} - \frac{|Q|_\infty |\{V<c_0\}|^{\frac{2_\alpha^*-k}{2_\alpha^*}}}{S_\alpha^k\left(\int_{R^N}\left|(-\Delta)^{\frac{\alpha}{2}}u_n\right|^2\mathrm{d}x\right)^{2(\sigma+1)-k}}+$$

$$\frac{\int_{R^N}\lambda V(x)u_n^2\mathrm{d}x}{\left(\int_{R^N}\left|(-\Delta)^{\frac{\alpha}{2}}u_n\right|^2\mathrm{d}x\right)^{2(\sigma+1)}}\left[1-|Q|_\infty (\lambda c_0)^{-\frac{2_\alpha^*-k}{2_\alpha^*-2}}\left(\frac{S_\alpha^{-2_\alpha^*}\left(\int_{R^N}\left|(-\Delta)^{\frac{\alpha}{2}}u_n\right|^2\mathrm{d}x\right)^{2_\alpha^*}}{\int_{R^N}\lambda V(x)u_n^2\mathrm{d}x}\right)^{\frac{k-2}{2_\alpha^*-2}}\right]$$

$$= am_0 + \frac{\int_{R^N}\lambda V(x)u_n^2\mathrm{d}x}{\left(\int_{R^N}\left|(-\Delta)^{\frac{\alpha}{2}}u_n\right|^2\mathrm{d}x\right)^{2(\sigma+1)}}\left[1-|Q|_\infty (\lambda c_0)^{-\frac{2_\alpha^*-k}{2_\alpha^*-2}}\left(\frac{S_\alpha^{-2_\alpha^*}\left(\int_{R^N}\left|(-\Delta)^{\frac{\alpha}{2}}u_n\right|^2\mathrm{d}x\right)^{2_\alpha^*}}{\int_{R^N}\lambda V(x)u_n^2\mathrm{d}x}\right)^{\frac{k-2}{2_\alpha^*-2}}\right]+o(1)$$

$$\geqslant am_0 + o(1)$$

得到矛盾．

情形 Ⅱ：$\int_{R^N} \left|(-\Delta)^{\frac{\alpha}{2}} u_n\right|^2 dx \to \infty$ 和

$$\frac{\int_{R^N} \lambda V(x) u_n^2 dx}{\left(\int_{R^N} \left|(-\Delta)^{\frac{\alpha}{2}} u_n\right|^2 dx\right)^{2(\sigma+1)}} < \lambda c_0 S_\alpha^{-2_\alpha^*} \left(\frac{|Q|_\infty}{\lambda c_0}\right)^{\frac{2_\alpha^*-2}{k-2}} \qquad (3.23)$$

利用式（3.9）和式（3.11），得

$$\frac{\int_{R^N} |u_n|^k dx}{\left(\int_{R^N} \left|(-\Delta)^{\frac{\alpha}{2}} u_n\right|^2 dx\right)^{2(\sigma+1)}} \leqslant S_\alpha^{-2_\alpha^*} \left(\frac{|Q|_\infty}{\lambda c_0}\right)^{\frac{2_\alpha^*-2}{k-2}} + \frac{S_\alpha^{-k} |\{V < c_0\}|^{\frac{2_\alpha^*-k}{2_\alpha^*}}}{\left(\int_{R^N} \left|(-\Delta)^{\frac{\alpha}{2}} u_n\right|^2 dx\right)^{2(\sigma+1)-k}}$$

$$= S_\alpha^{-2_\alpha^*} \left(\frac{|Q|_\infty}{\lambda c_0}\right)^{\frac{2_\alpha^*-2}{k-2}} + o(1) \qquad (3.24)$$

利用式（3.21）和式（3.24），得

$$o(1) = \frac{\langle J_{\lambda,a}(u_n), u_n \rangle}{\left(\int_{R^N} \left|(-\Delta)^{\frac{\alpha}{2}} u_n\right|^2 dx\right)^{2(\sigma+1)}}$$

$$\geqslant am_0 + \frac{b}{\left(\int_{R^N} \left|(-\Delta)^{\frac{\alpha}{2}} u_n\right|^2 dx\right)^{2\sigma}} + \frac{\int_{R^N} \lambda V(x) u_n^2 dx}{\left(\int_{R^N} \left|(-\Delta)^{\frac{\alpha}{2}} u_n\right|^2 dx\right)^{2(\sigma+1)}} - \frac{|Q|_\infty \int_{R^N} |u_n|^k dx}{\left(\int_{R^N} \left|(-\Delta)^{\frac{\alpha}{2}} u_n\right|^2 dx\right)^{2(\sigma+1)}}$$

$$\geqslant am_0 + \frac{\int_{R^N} \lambda V(x) u_n^2 dx}{\left(\int_{R^N} \left|(-\Delta)^{\frac{\alpha}{2}} u_n\right|^2 dx\right)^{2(\sigma+1)}} - |Q|_\infty S_\alpha^{-2_\alpha^*} \left(\frac{|Q^+|_\infty}{\lambda c_0}\right)^{\frac{2_\alpha^*-2}{k-2}} + o(1)$$

$$\geqslant am_0 - |Q|_\infty S_\alpha^{-2_\alpha^*} \left(\frac{|Q^+|_\infty}{\lambda c_0}\right)^{\frac{2_\alpha^*-2}{k-2}} + o(1)$$

这与 $\lambda \geqslant |Q|_\infty S_\alpha^{-2_\alpha^*} \left(\frac{|Q^+|_\infty}{\lambda c_0}\right)^{\frac{2_\alpha^*-2}{k-2}}$ 矛盾.

情形Ⅲ：对一些 C_* 和任意的 n，$\int_{R^N}\lambda V(x)u_n^2\mathrm{d}x\to\infty$ 和 $\int_{R^N}\left|(-\Delta)^{\frac{\alpha}{2}}u_n\right|^2\mathrm{d}x\leqslant C_*$。

利用式（3.9），式（3.7）和条件 (F_5) 能够推断出

$$o(1)=\frac{am\left(\int_{R^N}\left|(-\Delta)^{\frac{\alpha}{2}}u_n\right|^2\mathrm{d}x\right)\int_{R^N}\left|(-\Delta)^{\frac{\alpha}{2}}u_n\right|^2\mathrm{d}x}{\int_{R^N}\lambda V(x)u_n^2\mathrm{d}x}+$$

$$\frac{b\int_{R^N}\left|(-\Delta)^{\frac{\alpha}{2}}u_n\right|^2\mathrm{d}x+\int_{R^N}\lambda V(x)u_n^2\mathrm{d}x}{\int_{R^N}\lambda V(x)u_n^2\mathrm{d}x}-\frac{\int_{R^N}f(x,u_n)u_n\mathrm{d}x}{\int_{R^N}\lambda V(x)u_n^2\mathrm{d}x}$$

$$\geqslant\frac{b\int_{R^N}\left|(-\Delta)^{\frac{\alpha}{2}}u_n\right|^2\mathrm{d}x}{\int_{R^N}\lambda V(x)u_n^2\mathrm{d}x}+1-\frac{|Q|_\infty\int_{R^N}|u_n|^k\mathrm{d}x}{\int_{R^N}\lambda V(x)u_n^2\mathrm{d}x} \qquad (3.25)$$

由式（3.8）和 Young 不等式，得

$$\int_{R^N}|u_n|^k\mathrm{d}x\leqslant\frac{2_\alpha^*-k}{2_\alpha^*-2}\left(\frac{1}{\lambda}\int_{R^N}\left|(-\Delta)^{\frac{\alpha}{2}}u_n\right|^2\mathrm{d}x+|\{V<c_0\}|^{\frac{2}{N}}S_\alpha^{-2}\int_{R^N}\left|(-\Delta)^{\frac{\alpha}{2}}u_n\right|^2\mathrm{d}x\right)+$$

$$\frac{k-2}{2_\alpha^*-2}S_\alpha^{-2_\alpha^*}\left(\int_{R^N}\left|(-\Delta)^{\frac{\alpha}{2}}u_n\right|^2\mathrm{d}x\right)^{2_\alpha^*} \qquad (3.26)$$

由式（3.26）和对所有的 n 都有 $\int_{R^N}\left|(-\Delta)^{\frac{\alpha}{2}}u_n\right|^2\mathrm{d}x\leqslant C_*$ 的事实，得

$$\frac{\int_{R^N}|u_n|^k\mathrm{d}x}{\int_{R^N}\lambda V(x)u_n^2\mathrm{d}x}\leqslant\frac{2_\alpha^*-k}{(2_\alpha^*-2)\lambda c_0}+\frac{(2_\alpha^*-k)|\{V<c_0\}|^{\frac{2}{N}}S_\alpha^{-2}C_*^2+(k-2)S_\alpha^{-2}C_*^{-2_\alpha^*}}{(2_\alpha^*-2)\int_{R^N}\lambda V(x)u_n^2\mathrm{d}x}$$

$$=\frac{2_\alpha^*-k}{(2_\alpha^*-2)\lambda c_0}+o(1) \qquad (3.27)$$

利用式（3.25）和式（3.27），得

$$o(1) \geqslant \frac{b\int_{R^N}\left|(-\Delta)^{\frac{\alpha}{2}}u_n\right|^2 \mathrm{d}x}{\int_{R^N}\lambda V(x)u_n^2\mathrm{d}x} + 1 - \frac{|Q|_\infty \int_{R^N}|u_n|^p\mathrm{d}x}{\int_{R^N}\lambda V(x)u_n^2\mathrm{d}x} \geqslant 1 - \frac{|Q|_\infty (2_\alpha^* - k)}{(2_\alpha^* - 2)\lambda c_0} + o(1)$$

这矛盾于

$$\lambda > \frac{|Q|_\infty (2_\alpha^* - k)}{(2^* - 2)c_0}$$

（2） $\sigma > \dfrac{2\alpha}{N-2\alpha}$.

易知，$2(\sigma+1) > 2_\alpha^*$，下面的证明采用反证法.

设当 $n \to \infty$ 时，$\|u_n\|_{H^\alpha(R^N),\lambda} \to \infty$，分两种情形讨论.

情形Ⅳ：$\int_{R^N}\left|(-\Delta)^{\frac{\alpha}{2}}u_n\right|^2\mathrm{d}x \to \infty$. 从式（3.7）~式（3.12）和条件 (F_5) 能够推断出

$$\begin{aligned}
o(1) &= \frac{am\left(\int_{R^N}\left|(-\Delta)^{\frac{\alpha}{2}}u_n\right|^2\mathrm{d}x\right)\int_{R^N}\left|(-\Delta)^{\frac{\alpha}{2}}u_n\right|^2\mathrm{d}x}{\left(\int_{R^N}\left|(-\Delta)^{\frac{\alpha}{2}}u_n\right|^2\mathrm{d}x\right)^{2_\alpha^*}} + \\
&\quad \frac{b\int_{R^N}\left|(-\Delta)^{\frac{\alpha}{2}}u_n\right|^2\mathrm{d}x + \int_{R^N}\lambda V(x)u_n^2\mathrm{d}x}{\left(\int_{R^N}\left|(-\Delta)^{\frac{\alpha}{2}}u_n\right|^2\mathrm{d}x\right)^{2_\alpha^*}} - \frac{\int_{R^N}f(x,u_n)u_n\mathrm{d}x}{\left(\int_{R^N}\left|(-\Delta)^{\frac{\alpha}{2}}u_n\right|^2\mathrm{d}x\right)^{2_\alpha^*}} \\
&\geqslant am_0\left(\int_{R^N}\left|(-\Delta)^{\frac{\alpha}{2}}u_n\right|^2\mathrm{d}x\right)^{2(\sigma+1)-2_\alpha^*} + \frac{b}{\left(\int_{R^N}\left|(-\Delta)^{\frac{\alpha}{2}}u_n\right|^2\mathrm{d}x\right)^{2_\alpha^*-2}} + \\
&\quad \frac{\int_{R^N}\lambda V(x)u_n^2\mathrm{d}x - |Q|_\infty \int_{R^N}|u_n|^k\mathrm{d}x}{\left(\int_{R^N}\left|(-\Delta)^{\frac{\alpha}{2}}u_n\right|^2\mathrm{d}x\right)^{2_\alpha^*}}
\end{aligned} \quad (3.28)$$

由式（3.26），能推断出

$$\frac{\int_{R^N}\lambda V(x)u_n^2 dx - |Q|_\infty \int_{R^N}|u_n|^k dx}{\left(\int_{R^N}\left|(-\Delta)^{\frac{\alpha}{2}}u_n\right|^2 dx\right)^{\frac{2}{2_\alpha^*}}}$$

$$\geqslant 1 - \frac{|Q|_\infty (2_\alpha^* - k)}{\lambda c_0 (2_\alpha^* - 2)} \frac{\int_{R^N}\lambda V(x)u_n^2 dx}{\left(\int_{R^N}\left|(-\Delta)^{\frac{\alpha}{2}}u_n\right|^2 dx\right)^{\frac{2}{2_\alpha^*}}} -$$

$$\frac{|Q|_\infty S_\alpha^{-2}(2_\alpha^* - k)}{(2_\alpha^* - 2)} \frac{|\{V<c_0\}|^{\frac{2}{N}}}{\left(\int_{R^N}\left|(-\Delta)^{\frac{\alpha}{2}}u_n\right|^2 dx\right)^{2_\alpha^* - 2}} - |Q|_\infty S_\alpha^{-2_\alpha^*}\left(\frac{k-2}{2_\alpha^* - 2}\right)$$

$$\geqslant -\frac{|Q|_\infty S_\alpha^{-2}(2_\alpha^* - k)}{(2_\alpha^* - 2)} \frac{|\{V<c_0\}|^{\frac{2}{N}}}{\left(\int_{R^N}\left|(-\Delta)^{\frac{\alpha}{2}}u_n\right|^2 dx\right)^{2_\alpha^* - 2}} - |Q|_\infty S_\alpha^{-2_\alpha^*}\left(\frac{k-2}{2_\alpha^* - 2}\right)$$

用上面的结论，联合式（3.28），得

$$am_0\left(\int_{R^N}\left|(-\Delta)^{\frac{\alpha}{2}}u_n\right|^2 dx\right)^{2(\sigma+1)-2_\alpha^*} + \frac{b}{\left(\int_{R^N}\left|(-\Delta)^{\frac{\alpha}{2}}u_n\right|^2 dx\right)^{2_\alpha^* - 2}} +$$

$$\frac{\int_{R^N}\lambda V(x)u_n^2 dx - |Q|_\infty \int_{R^N}|u_n|^k dx}{\left(\int_{R^N}\left|(-\Delta)^{\frac{\alpha}{2}}u_n\right|^2 dx\right)^{\frac{2}{2_\alpha^*}}}$$

$$\geqslant am_0\left(\int_{R^N}\left|(-\Delta)^{\frac{\alpha}{2}}u_n\right|^2 dx\right)^{2(\sigma+1)-2_a^+} - \frac{|Q|_\infty S_\alpha^{-2}(2_a^* - k)|\{V<c_0\}|^{\frac{2}{N}}}{(2_a^* - 2)\left(\int_{R^N}\left|(-\Delta)^{\frac{\alpha}{2}}u_n\right|^2 dx\right)^{2_\alpha^* - 2}} - |Q|_\infty S_\alpha^{-2_\alpha^*}\left(\frac{k-2}{2_\alpha^* - 2}\right)$$

由假设 $\|u_n\|_{H^\alpha(R^N),\lambda} \to \infty$，当 $n\to\infty$ 时，由 $\int_{R^N}\left|(-\Delta)^{\frac{\alpha}{2}}u_n\right|^2 dx \to \infty$ 但 $2(\sigma+1) > 2_\alpha^*$ 得出矛盾.

情形 V：$\int_{R^N}\lambda V(x)u_n^2 dx \to \infty$ 对任意的 n 和一些 C_* 有 $\int_{R^N}\left|(-\Delta)^{\frac{\alpha}{2}}u_n\right|^2 dx \leqslant C_*$. 从式（3.7）～式（3.12）和条件 (F_5)，得

$$o(1) = \frac{am\left(\int_{R^N}\left|(-\Delta)^{\frac{\alpha}{2}}u_n\right|^2 dx\right)\int_{R^N}\left|(-\Delta)^{\frac{\alpha}{2}}u_n\right|^2 dx}{\int_{R^N}\lambda V(x)u_n^2 dx} + \frac{b\int_{R^N}\left|(-\Delta)^{\frac{\alpha}{2}}u_n\right|^2 dx + \int_{R^N}\lambda V(x)u_n^2 dx}{\int_{R^N}\lambda V(x)u_n^2 dx} -$$

$$\frac{\int_{R^N} f(x,u_n)u_n dx}{\int_{R^N}\lambda V(x)u_n^2 dx}$$

$$\geq \frac{b\int_{R^N}\left|(-\Delta)^{\frac{\alpha}{2}}u_n\right|^2 dx}{\int_{R^N}\lambda V(x)u_n^2 dx} + 1 - \frac{|Q|_\infty \int_{R^N}|u_n|^k dx}{\int_{R^N}\lambda V(x)u_n^2 dx} \quad (3.29)$$

由式（3.27）和式（3.29），得

$$o(1) \geq \frac{b\int_{R^N}\left|(-\Delta)^{\frac{\alpha}{2}}u_n\right|^2 dx}{\int_{R^N}\lambda V(x)u_n^2 dx} + 1 - \frac{|Q|_\infty \int_{R^N}|u_n|^k dx}{\int_{R^N}\lambda V(x)u_n^2 dx} \geq 1 - \frac{|Q|_\infty (2_\alpha^* - k)}{\lambda(2_\alpha^* - 2)} + o(1)$$

这矛盾于

$$\lambda > \frac{|Q|_\infty (2_\alpha^* - k)}{\lambda(2_\alpha^* - 2)}.$$

因此，对任意的常数 $0 < a < \tilde{a}_*$ 和 $\lambda > \tilde{\gamma}_0$，在 E_λ 中序列 $\{u_n\}$ 是有界的.

引理 3.1.9 如果满足条件 $(V_1) \sim (V_3)$，$(F_1) \sim (F_3)$ 对 $N \geq 1$，则对任意的 $D > 0$ 存在常数 $\tilde{\gamma} = \tilde{\gamma}(a,D) \geq \gamma_N > 0$ 使得对于数 $\lambda > \tilde{\gamma}$ 和 $\alpha < D$ 在 E_λ 中函数 $J_{\lambda,a}(u)$ 满足 $(C)_\alpha$ 条件.

证明 假设 $\{u_n\}$ 是一个 $(C)_\alpha$ 序列且满足 $\alpha < D$. 注意到引理 3.1.7，得在 E_λ 中 $\{u_n\}$ 是有界的. 则存在一个子序列 $\{u_n\}$ 且有 $u_0 \in E_\lambda$，使得在 E_λ 中 $u_n \xrightarrow{弱} u_0$. 对 $2 \leq r < 2_\alpha^*$ 在 $L^r_{loc}(R^N)$ 中 $u_n \to u_0$，在 E_λ 中 $u_n \xrightarrow{强} u_0$.

设 $v_n = u_n - u_0$，应用条件 (V_1) 有

$$\int_{R^N} v_n^2 dx \leq \frac{1}{\lambda c_0}\int_{R^N}\left(\left|(-\Delta)^{\frac{\alpha}{2}}v_n\right|^2 + \lambda V(x)v_n^2\right)dx + o(1) \quad (3.30)$$

依据上面的结果和 Hölder 不等式，对任意的 $\lambda > \gamma_N$，现在证明下面的结论.

情形（1）$N = 1,2$.

$$\int_{R^N}|v_n|^r\,dx \leq \left(\int_{R^N}v_n^2\,dx\right)^{\frac{1}{2}}\left(\int_{R^N}v_n^{2(r-1)}\,dx\right)^{\frac{1}{2}}$$

$$\leq \left[\frac{1}{\lambda c_0}\left(1+\beta_N^{\frac{8}{N}}\,|\{V<c_0\}|^{\frac{2}{N}}\right)^{r-1}\right]^{\frac{1}{2}}S_{\alpha,2(r-1)}^{1-r}\|v_n\|_{H^\alpha(R^x),\lambda}^r+o(1)$$

情形（2） $N \geq 3$.

$$\int_{R^N}|v_n|^r\,dx \leq \left(\int_{R^N}v_n^2\,dx\right)^{\frac{2_\alpha^*-k-2}{2_\alpha^*-2}}\left(\int_{R^N}v_n^{2(r-1)}\,dx\right)^{\frac{r-2}{2_\alpha^*-2}}$$

$$\leq \left(\frac{1}{\lambda c_0}\right)^{\frac{2_\alpha^*-r}{2_\alpha^*-2}}S_\alpha^{-\frac{2_\alpha^*(r-2)}{2_\alpha^*-2}}\|v_n\|_{H^\alpha(R^N),\lambda}^r+o(1)$$

所以声称

$$Y_{\lambda,r}:=\begin{cases}\left[\dfrac{1}{\lambda c_0}\left(1+\beta_N^{\frac{8}{N}}\,|\{V<c_0\}|^{\frac{2}{N}}\right)^{r-1}\right]^{\frac{1}{2}}S_{\alpha,2(r-1)}^{1-r}, N=1,2\\ \left(\dfrac{1}{\lambda c_0}\right)^{\frac{2_\alpha^*-r}{2_\alpha^*-2}}S_\alpha^{-\frac{2_\alpha^*(r-2)}{2_\alpha^*-2}}, N\geq 3\end{cases}$$

容易看到当 $\lambda \to \infty$ 时， $Y_{\lambda,r} \to 0$，得

$$\int_{R^N}|v_n|^r\,dx \leq Y_{\lambda,r}\|v_n\|_{H^\alpha(R^N)}^r+o(1) \tag{3.31}$$

类似文献[33]，得

$$\int_{R^N}F(x,v_n)\,dx = \int_{R^N}F(x,u_n)\,dx - \int_{R^N}F(x,u_0)\,dx+o(1) \tag{3.32}$$

$$\sup_{\|h\|_\lambda=1}\int_{R^N}[f(x,v_n)-f(x,u_n)+f(x,u_0)]h(x)\,dx=o(1).$$

则由式（3.6），式（3.32）和 Brezis-Lieb 引理[34]，能推断出

$$J_{\lambda,a}(u_n)-J_{\lambda,a}(u_0)=\frac{a}{2}\left[\hat{m}\left(\int_{R^N}\left|(-\Delta)^{\frac{\alpha}{2}}u_n\right|^2\,dx\right)-\hat{m}\left(\int_{R^N}\left|(-\Delta)^{\frac{\alpha}{2}}u_0\right|^2\,dx\right)\right]+$$

$$\frac{b}{2}\int_{R^N}\left|(-v_n)^{\frac{\alpha}{2}}\right|^2\,dx+\frac{1}{2}\int_{R^N}\lambda V(x)v_n^2\,dx-\int_{R^N}F(x,v_n)\,dx+o(1)$$

而且，在 E_λ 中序列 $\{u_n\}$ 是有界的，因此能得到存在一个数 $X_0 > 0$ 当 $n \to \infty$ 时，满足 $\int_{R^N} \left|(-\Delta)^{\frac{\alpha}{2}} u_n\right|^2 \mathrm{d}x \to X_0$. 这蕴含着对任意的 $\phi \in C_0^\infty(R^N)$，有

$$\begin{aligned}o(1) &= \langle J'_{\lambda,a}(u_n), \phi \rangle \\ &= \left[am\left(\int_{R^N}\left|(-\Delta)^{\frac{\alpha}{2}}u\right|^2 \mathrm{d}x\right)+b\right]\int_{R^N}(-\Delta)^{\frac{\alpha}{2}}u(-\Delta)^{\frac{\alpha}{2}}\phi \mathrm{d}x + \\ &\quad \int_{R^N}\lambda V(x)u\phi \mathrm{d}x - \int_{R^N}f(x,u)\phi \mathrm{d}x \to \\ &\quad \int_{R^N}\lambda V(x)u_0\phi \mathrm{d}x + (am(X_0)+b)\int_{R^N}(-\Delta)^{\frac{\alpha}{2}}u_0(-\Delta)^{\frac{\alpha}{2}}\phi \mathrm{d}x - \int_{R^N}f(x,u_0)\phi \mathrm{d}x\end{aligned}$$

当 $n \to \infty$ 时，意味着式（3.33）成立

$$\int_{R^N}\lambda V(x)u_0^2 \mathrm{d}x + (am(X_0)+b)\int_{R^N}(-\Delta)^{\frac{\alpha}{2}}u_0^2 \mathrm{d}x - \int_{R^N}f(x,u_0)u_0 \mathrm{d}x = 0 \quad (3.33)$$

观察到

$$o(1) = \left[am\left(\int_{R^N}\left|(-\Delta)^{\frac{\alpha}{2}}u_n\right|^2 \mathrm{d}x\right)+b\right]\int_{R^N}(-\Delta)^{\frac{\alpha}{2}}u_n \mathrm{d}x + \int_{R^N}\lambda V(x)u_n^2 \mathrm{d}x - \int_{R^N}f(x,u_n)u_n \mathrm{d}x \quad (3.34)$$

由式（3.33）和式（3.34），得

$$\begin{aligned}o(1) &= \left[am\left(\int_{R^N}\left|(-\Delta)^{\frac{\alpha}{2}}u_n\right|^2 \mathrm{d}x\right)+b\right]\int_{R^x}(-\Delta)^{\frac{\alpha}{2}}u_n \mathrm{d}x + \int_{R^x}\lambda V(x)v_n^2 \mathrm{d}x - \\ &\quad am(X_0)\int_{R^x}\left|(-\Delta)^{\frac{\alpha}{2}}u_0\right|^2 \mathrm{d}x + b\int_{R^N}(-\Delta)^{\frac{\alpha}{2}}v_n \mathrm{d}x - \int_{R^N}f(x,v_n)v_n \mathrm{d}x + \\ &\quad \left[am\left(\int_{R^N}\left|(-\Delta)^{\frac{\alpha}{2}}u_n\right|^2 \mathrm{d}x\right)+b\right]\int_{R^N}(-\Delta)^{\frac{\alpha}{2}}v_n \mathrm{d}x + \int_{R^N}\lambda V(x)v_n^2 \mathrm{d}x - \\ &\quad \int_{R^N}f(x,v_n)v_n \mathrm{d}x\end{aligned} \quad (3.35)$$

特别地，由式（3.33）和条件 (F_1) 以及 (F_3)，有

第 3 章 分数阶基尔霍夫方程多解的存在性及集中性带有深井位势函数研究

$$J_{\lambda,a}(u_0) = \left[\frac{a}{2}\hat{m}\left(\int_{R^N}\left|(-\Delta)^{\frac{\alpha}{2}}u_0\right|^2 dx\right)\right] + \frac{b}{2}\int_{R^N}\left|(-\Delta)^{\frac{\alpha}{2}}u_0\right|^2 dx + \frac{1}{2}\int_{R^N}\lambda V(x)u_n^2 dx -$$

$$\int_{R^N} F(x,u_0)dx + (am(X_0)+b)\int_{R^N}\left|(-\Delta)^{\frac{\alpha}{2}}u_0\right|^2 dx - \frac{1}{k}\int_{R^N}\lambda V(x)u_0^2 dx -$$

$$\int_{R^N} f(x,u_0)u_0 dx$$

$$\geq \left[\frac{a}{2}\hat{m}\left(\int_{R^N}\left|(-\Delta)^{\frac{\alpha}{2}}u_0\right|^2 dx\right)\right] - \left[\frac{2}{k}m(X_0)\left(\int_{R^N}\left|(-\Delta)^{\frac{\alpha}{2}}u_0\right|^2 dx\right)\right]$$

$$\geq \frac{a}{k}\int_{R^N}\left|(-\Delta)^{\frac{\alpha}{2}}u_0\right|^2 dx\left[m\left(\int_{R^N}\left|(-\Delta)^{\frac{\alpha}{2}}u_0\right|^2 dx\right) - m(X_0)\right]$$

这样，存在一个数 κ 满足当 $m\left(\int_{R^N}\left|(-\Delta)^{\frac{\alpha}{2}}u_0\right|^2 dx\right) \geq m(X_0)$ 时 $\kappa = 0$，或者当 $m\left(\int_{R^N}\left|(-\Delta)^{\frac{\alpha}{2}}u_0\right|^2 dx\right) < m(X_0)$ 时，$\kappa < 0$。由此，得

$$J_{\lambda,a}(u_0) \geq \kappa$$

依据上面的结果和式（3.30），式（3.35），以及条件 (F_1) 和 (F_3)，有

$$D - \kappa \geq \alpha - J_{\lambda,a}(u_0) = J_{\lambda,a}(u_n) - J_{\lambda,a}(u_0) + o(1)$$

$$= \frac{k-2}{k}b\int_{R^N}\left|(-\Delta)^{\frac{\alpha}{2}}v_n\right|^2 dx + \int_{R^N}\lambda V(x)v_n^2 dx - \int_{R^N}\left(F(x,v_n) - \frac{1}{k}f(x,v_n)v_n\right)dx +$$

$$\frac{a}{2}\left[\hat{m}\left(\int_{R^N}\left|(-\Delta)^{\frac{\alpha}{2}}u_n\right|^2 dx\right) - \hat{m}\left(\int_{R^N}\left|(-\Delta)^{\frac{\alpha}{2}}u_0\right|^2 dx\right)\right] -$$

$$\frac{2}{k}\left[\hat{m}\left(\int_{R^N}\left|(-\Delta)^{\frac{\alpha}{2}}u_n\right|^2 dx\right)\right]\int_{R^N}\left|(-\Delta)^{\frac{\alpha}{2}}v_n\right|^2 dx + o(1)$$

$$\geq \frac{(k-2)\min\{1,b\}}{2k}\|v_n\|_{H^\alpha(R^N),\lambda} + o(1)$$

由此，能推断出存在一个数 $\tilde{D}(\tilde{D} > 0)$ 使得

$$\|v_n\|^2_{H^\alpha(R^N),\lambda} \leq \frac{2k\tilde{D}}{(k-2)\min\{1,b\}} + o(1) \qquad (3.36)$$

由式（3.12），式（3.31），式（3.35）和式（3.36），得

$$o(1) = \left[am\left(\int_{R^N}\left|(-\Delta)^{\frac{\alpha}{2}}u_n\right|^2 dx\right)\right]\left[\int_{R^N}(-\Delta)^{\frac{\alpha}{2}}v_n dx + \int_{R^N}\lambda V(x)v_n^2 dx\right] +$$

$$b\int_{R^N}(-\Delta)^{\frac{\alpha}{2}}u_n dx - \int_{R^N}f(x,u_n)u_n dx$$

$$\geq \min\{1,b\}\int_{R^N}\left(\left|(-\Delta)^{\frac{\alpha}{2}}v_n\right|^2 + \lambda V(x)v_n^2\right)dx - |Q|_\infty Y_{\lambda,k}\left(\int_{R^N}\left(\left|(-\Delta)^{\frac{\alpha}{2}}v_n\right|^2 + \lambda V(x)v_n^2\right)dx\right)^{2k}$$

$$\geq \min\{1,b\}\int_{R^N}\left(\left|(-\Delta)^{\frac{\alpha}{2}}v_n\right|^2 + \lambda V(x)v_n^2\right)dx - |Q|_\infty Y_{\lambda,k}\left[\frac{2k\overset{t}{D}}{(k-2)\min\{1,b\}}\right]^{\frac{k}{2}} + o(1)$$

这意味着存在 $\tilde{\gamma} := \tilde{\gamma}(a,D) \geq \gamma_N$，使得对于 $\lambda > \tilde{\gamma}$ 在 E_λ 中 $v_n \xrightarrow{\text{强}} 0$.

证毕.

引理 3.1.10 如果满足条件 $(V_1) \sim (V_3), (F_4), (F_5)$ 且 $\sigma \geq \frac{2\alpha}{N-2\alpha}$，以及 $(F_2), (F_3)$ 成立，$N \geq 3$. 则对任意的 $D > 0$ 存在常数 $\tilde{\gamma}_1 = \tilde{\gamma}_1(a,D) \geq \gamma_N > 0$ 使得对 $\alpha < D, \lambda > \tilde{\gamma}_1$ 在 E_λ 中函数 $J_{\lambda,a}$ 满足 $(C)_\alpha$-条件.

证明 类似引理 3.1.9 的证明，此处不再赘述.

引理 3.1.11 如果满足条件 $(V_1) \sim (V_3), (F_4), (F_5)$，以及条件 (F_2) 成立，$N \geq 1$. 则对任意的 $a > 0$ 和 $\lambda > \tilde{\gamma}$，函数 $J_{\lambda,a}(u)$ 存在一个临界点，使得 $J_{\lambda,a}(u) > 0$.

证明 应用引理 3.1.9 对任意的 $\lambda \geq \gamma_N$ 以及 $0 < \rho_0 \leq \alpha_{a,\lambda} \leq \alpha_{0,a}(\Omega)$，对任意的 $a > 0$ 和 $\lambda > \tilde{\gamma}$ 在 E_λ 中函数 $J_{\lambda,a}$ 满足 $(C)_\alpha$-条件. 换句话说，能在 E_λ 中得到一个序列 $\{u_n\}$ 且 $u_n \in E_\lambda$ 使得 $u_n \xrightarrow{\text{强}} u_\lambda$. 这意味着 u_λ 是函数 $J_{\lambda,a}(u)$ 的一个临界点使得 $J_{\lambda,a}(u_\lambda) = \alpha_{a,\lambda} > 0$.

引理 3.1.12 如果满足条件 $(V_1) \sim (V_3), (F_4), (F_5)$ 且有 $\sigma \geq \frac{2\alpha}{N-2\alpha}$，以及条件 $(F_2), (F_3)$ 成立，$N \geq 3$. 则存在一个常数 $\tilde{\gamma}_2 \geq \max\{\tilde{\gamma}_0, \tilde{\gamma}_1\}$，对任意的 $\tilde{a}_* > a > 0$ 和 $\lambda > \tilde{\gamma}_2$，函数 $J_{\lambda,a}(u)$ 存在一个临界点 $u_{\lambda,a}^2 \in E_\lambda$ 使得 $J_{\lambda,a}(u_{\lambda,a}^2) > 0$.

证明 对于此引理，可以很容易地通过应用引理 3.1.10 和 3.1.13 来证明，

第 3 章　分数阶基尔霍夫方程多解的存在性及集中性带有深井位势函数研究

此处不再赘述.

引理 3.1.13　如果满足条件 $(V_1) \sim (V_3)$, (F_5) 且有 $\sigma \geqslant \dfrac{2\alpha}{N-2\alpha}$，以及条件 (F_2), (F_3) 成立，$N \geqslant 3$. 则对任意的 $a > 0$ 和

$$\lambda > \tilde{\gamma}_3 = \begin{cases} \max\left\{\gamma_N, \dfrac{2|Q|_\infty}{c_0 k}\left(\dfrac{2(\sigma+1)|Q|_\infty}{m_0 a k S_\alpha^{2_\alpha^*}}\right)\right\}, & \sigma = \dfrac{2\alpha}{N-2\alpha} \\ \gamma_N, & \sigma > \dfrac{2\alpha}{N-2\alpha} \end{cases}$$

在 E_λ 上函数 $J_{\lambda,a}$ 下有界.

而且，如果

$$\lambda > \tilde{\gamma}_4 := \max\left\{\tilde{\gamma}_3, \dfrac{2|Q|_\infty (2_\alpha^* - k)}{c_0 k(2_\alpha^* - 2)}\right\}$$

则对任意的 $u \in E_\lambda$ 存在 $\tilde{C}_a > \rho_0^{\frac{1}{2}}$，使得 $J_{\lambda,a}(u) \geqslant 0$ 且有 $\|u\|_{H^\alpha(R^N),\lambda} \geqslant \tilde{C}_a$.

证明　（1）假定 $\int_{R^N} \left|(-\Delta)^{\frac{\alpha}{2}} u\right|^2 dx < \rho_0^{\frac{1}{2}}$，则利用式（3.9），式（3.12）和 Young 不等式，有

$$J_{\lambda,a}(u) \geqslant \dfrac{\min\{b,1\}}{2} \int_{R^N} \left(\left|(-\Delta)^{\frac{\alpha}{2}} u\right|^2 + \lambda V(x) u^2\right) dx - \dfrac{|Q|_\infty}{k} \int_{R^N} |u|^k dx$$

$$\geqslant \dfrac{\min\{b,1\}}{2} \int_{R^N} \left(\left|(-\Delta)^{\frac{\alpha}{2}} u\right|^2 + \lambda V(x) u^2\right) dx -$$

$$\dfrac{|Q|_\infty}{k S_\alpha^k} |\{V < c_0\}|^{\frac{2_\alpha^* - k}{2_\alpha^*}} \|u\|_\lambda^{\frac{2(2_\alpha^* - k)}{2_\alpha^* - 2}} \left(\int_{R^N} \left|(-\Delta)^{\frac{\alpha}{2}} u\right|^2 dx\right)^{\frac{2_\alpha^*(k-2\alpha)}{2_\alpha^* - 2}}$$

$$\geqslant \dfrac{2_\alpha^*(k-2)\min\{b,1\}}{2k(2_\alpha^* - 2)} \int_{R^N} \left(\left|(-\Delta)^{\frac{\alpha}{2}} u\right|^2 + \lambda V(x) u^2\right) dx -$$

$$\dfrac{k-2}{k(2_\alpha^* - 2)\min\{1,b\}^{\frac{2_\alpha^* - k}{k-2}}} \left(|Q|_\infty S_\alpha^{-k} |\{V < c\}|^{\frac{2_\alpha^* - k}{2_\alpha^*}}\right)^{\frac{2_\alpha^* - 2}{k-2}} \rho_0^{\frac{2_\alpha^*}{2}}$$

所以对任意的 $a>0$ 和 $\lambda>\gamma_N$ 在 E_λ 上，函数 $J_{\lambda,a}(u)$ 下有界．

若 $\int_{R^N}\left|(-\Delta)^{\frac{\alpha}{2}}u\right|^2 \mathrm{d}x \geq \rho_0^{\frac{1}{2}}$，那么可以将其分为两个部分进行讨论：

情形 I：$\int_{R^N} \lambda V(x)u^2 \mathrm{d}x \geq \lambda c_0 S_\alpha^{-2_\alpha^*}\left(\dfrac{2|Q|_\infty}{k\lambda c_0}\right)^{\frac{2_\alpha^*-k}{k-2}}\left(\int_{R^N}\left|(-\Delta)^{\frac{\alpha}{2}}u\right|^2 \mathrm{d}x\right)^{2_\alpha^*}$

由 (F_5)，式（3.9），式（3.6）和式（3.13），对任意的 $\lambda>0$ 用 Young 和 Sobolev 不等式，有

$$J_{\lambda,a}(u) = \left[\dfrac{a}{2}\hat{m}\left(\int_{R^N}\left|(-\Delta)^{\frac{\alpha}{2}}u\right|^2 \mathrm{d}x\right)\right] + \dfrac{b}{2}\int_{R^N}\left|(-\Delta)^{\frac{\alpha}{2}}u\right|^2 \mathrm{d}x + \dfrac{1}{2}\int_{R^N}\lambda V(x)u^2 \mathrm{d}x - \dfrac{|Q|_\infty}{k}\int_{R^N}|u|^k \mathrm{d}x$$

$$\geq \dfrac{m_0 a}{2(\sigma+1)}\left(\int_{R^N}\left|(-\Delta)^{\frac{\alpha}{2}}u\right|^2 \mathrm{d}x\right)^{2(\sigma+1)} \dfrac{1}{2}\left(b\int_{R^N}\left|(-\Delta)^{\frac{\alpha}{2}}u\right|^2 \mathrm{d}x + \int_{R^N}\lambda V(x)u^2 \mathrm{d}x\right) - $$

$$\dfrac{|Q|_\infty}{k}\left[\dfrac{1}{\lambda c_0}\int_{R^N}\lambda V(x)u^2 \mathrm{d}x + S_\alpha^{-2}|\{V<c_0\}|^{\frac{2}{N}}\dfrac{1}{2}\left(b\int_{R^N}\left|(-\Delta)^{\frac{\alpha}{2}}u\right|^2 \mathrm{d}x + \int_{R^N}\lambda V(x)u^2 \mathrm{d}x\right)\right]^{\frac{2_\alpha^*-k}{k-2\alpha}} \cdot$$

$$\left(S_\alpha^{-1}\int_{R^N}\left|(-\Delta)^{\frac{\alpha}{2}}u\right|^2 \mathrm{d}x\right)^{\frac{2_\alpha^*(k-2\alpha)}{2_\alpha^*-2}}$$

$$\geq \dfrac{m_0 a}{2_\alpha^*}\left(\int_{R^N}\left|(-\Delta)^{\frac{\alpha}{2}}u\right|^2 \mathrm{d}x\right)^{2_\alpha^*} + \dfrac{b}{2}\int_{R^N}\left|(-\Delta)^{\frac{\alpha}{2}}u\right|^2 \mathrm{d}x - \dfrac{|Q|_\infty|\{V<c\}|^{1-\frac{k}{2_\alpha^*}}}{kS_\alpha^k}\left(\int_{R^N}\left|(-\Delta)^{\frac{\alpha}{2}}u\right|^2 \mathrm{d}x\right)^k$$

所以对任意的 $a>0$ 和 $\lambda>\gamma_N$ 在 E_λ 上，函数 $J_{\lambda,a}(u)$ 下有界．

情形 II：$\int_{R^N}\lambda V(x)u^2 \mathrm{d}x < \lambda c_0 S_\alpha^{-2_\alpha^*}\left(\dfrac{2|Q|_\infty}{\lambda kc_0}\right)^{\frac{2_\alpha^*-2}{k}}\left(\int_{R^N}\left|(-\Delta)^{\frac{\alpha}{2}}u\right|^2 \mathrm{d}x\right)^{2_\alpha^*}$．

从式（3.9），有

$\int_{R^N}|u|^k \mathrm{d}x$

$$\leq \left(\dfrac{1}{\lambda c_0}\int_{R^N}\lambda V(x)\mu^2 \mathrm{d}x + S_\alpha^{-2}|\{V<c_0\}|^{\frac{2}{N}}\int_{R^N}\left|(-\Delta)^{\frac{\alpha}{2}}u\right|^2 \mathrm{d}x\right)^{\frac{2_\alpha^*-k}{2_\alpha^*-2}}\left[S_\alpha^{-1}\int_{R^N}\left|(-\Delta)^{\frac{\alpha}{2}}u\right|^2 \mathrm{d}x\right]^{\frac{2_\alpha^*(k-2)}{2_\alpha^*-2}}$$

$$\leqslant S_\alpha^{-2_\alpha^*}\left(\frac{2|Q|_\infty}{\lambda k c_0}\right)^{\frac{2_\alpha^*-k}{k-2}}\left(\int_{R^N}\left|(-\Delta)^{\frac{\alpha}{2}}u\right|^2 dx\right)^{2_\alpha^*}+S_\alpha^{-k}|\{V<c\}|^{\frac{2_\alpha^*-k}{2_\alpha^*}}\left(\int_{R^N}\left|(-\Delta)^{\frac{\alpha}{2}}u\right|^2 dx\right)^k$$

(3.37)

依据式（3.37）并再次利用条件(F_5)，有

$$J_{\lambda,a}(u)=\left[\frac{a}{2}\hat{m}\left(\int_{R^N}\left|(-\Delta)^{\frac{\alpha}{2}}u\right|^2 dx\right)\right]+\frac{b}{2}\int_{R^N}\left|(-\Delta)^{\frac{\alpha}{2}}u\right|^2 dx+\frac{1}{2}\int_{R^N}\lambda V(x)u^2 dx-\frac{|Q|_\infty}{k}\int_{R^N}|u|^k dx$$

$$\geqslant \frac{m_0 a}{2(\sigma+1)}\left(\int_{R^N}\left|(-\Delta)^{\frac{\alpha}{2}}u\right|^2 dx\right)^{2(\sigma+1)}+\frac{1}{2}\left(b\int_{R^N}\left|(-\Delta)^{\frac{\alpha}{2}}u\right|^2+\int_{R^N}\lambda V(x)u^2 dx\right)-$$

$$\frac{|Q|_\infty}{k}\left[S_\alpha^{-2_\alpha^*}\left(\frac{2|q|_\infty}{\lambda k c_0}\right)^{\frac{2_\alpha^*-k}{k-2}}\left(\int_{R^N}\left|(-\Delta)^{\frac{\alpha}{2}}u\right|^2 dx\right)^{2_\alpha^*}+S_\alpha^{-k}|\{V<c_0\}|^{\frac{2_\alpha^*-k}{2_\alpha^*}}\left(\int_{R^N}\left|(-\Delta)^{\frac{\alpha}{2}}u\right|^2 dx\right)^k\right]$$

$$\geqslant \left[\frac{m_0 a}{2(\sigma+1)}-\frac{|Q|_\infty}{kS_\alpha^{2_\alpha^*}}\left(\frac{2|Q|_\infty}{\lambda p c_0}\right)^{\frac{2_\alpha^*-k}{k-2}}\right]\left(\int_{R^N}\left|(-\Delta)^{\frac{\alpha}{2}}u\right|^2 dx\right)^{2_\alpha^*}-$$

$$\frac{|Q|_\infty}{kS_\alpha^{2_\alpha^*}}|\{V<c_0\}|^{\frac{2_\alpha^*-k}{2_\alpha^*}}\left(\int_{R^N}\left|(-\Delta)^{\frac{\alpha}{2}}u\right|^2 dx\right)^k$$

这意味着如果

$$\lambda>\max\left\{\gamma_N,\frac{2|Q|_\infty}{kc_0}\left(\frac{2(\sigma+1)|Q|_\infty}{m_0 ak S_\alpha^{2_\alpha^*}}\right)^{\frac{k-2}{2_\alpha^*-k}}\right\}$$

对任意的$a>0$和$\lambda>\gamma_N$在E_λ上函数$J_{\lambda,a}(u)$下有界. 且存在$C_a>0$使得

$$J_{\lambda,a}(u)\geqslant 0 \text{ 对所有 } u\in E_\lambda \text{ 和 } \int_{R^N}\left|(-\Delta)^{\frac{\alpha}{2}}u\right|^2 dx\geqslant C_a.$$

（2）$\sigma>\dfrac{2\alpha}{N-2\alpha}$和$\int_{R^N}\left|(-\Delta)^{\frac{\alpha}{2}}u\right|^2 dx\geqslant \rho_0^{\frac{1}{2}}$.

利用(F_5)，式（3.9），式（3.12）和Young不等式，得

$$J_{\lambda,a}(u) = \left[\frac{a}{2}\hat{m}\left(\int_{R^N}\left|(-\Delta)^{\frac{\alpha}{2}}u\right|^2 dx\right)\right] + \frac{b}{2}\int_{R^N}\left|(-\Delta)^{\frac{\alpha}{2}}u\right|^2 dx + \frac{1}{2}\int_{R^N}\lambda V(x)u^2 dx -$$

$$\int_{R^N} F(x,u)dx$$

$$\geq \frac{m_0 a}{2(\sigma+1)}\left(\int_{R^N}\left|(-\Delta)^{\frac{\alpha}{2}}u\right|^2 dx\right)^{2(\sigma+1)} + \frac{\min\{b,1\}}{2}\left(\int_{R^N}\left(\left|(-\Delta)^{\frac{\alpha}{2}}u\right|^2 + \lambda V(x)u^2\right)dx\right) -$$

$$\frac{|Q|_\infty}{k}\int_{R^N}|u|^k dx$$

$$\geq \frac{m_0 a}{2(\sigma+1)}\left(\int_{R^N}\left|(-\Delta)^{\frac{\alpha}{2}}u\right|^2 dx\right)^{2(\sigma+1)} -$$

$$\frac{k-2}{k(2^*_\alpha-2)(\min\{b,1\})^{\frac{2^*_\alpha-k}{2^*_\alpha-2}}}\left(|Q|_\infty S_\alpha^{-k}|\{V<c\}|^{\frac{2^*_\alpha-k}{2^*_\alpha}}\right)^{\frac{2^*_\alpha-k}{k-2}}\left(\int_{R^N}\left|(-\Delta)^{\frac{\alpha}{2}}u\right|^2 dx\right)^{2^*_\alpha}$$

因此，可推断出对任意的 $a>0$ 和 $\lambda>\gamma_N$ 在 E_λ 上，函数 $J_{\lambda,a}(u)$ 下有界且 $\sigma>\frac{2\alpha}{N-2\alpha}$。

而且对任意的 $a>0$，存在

$$C_a > t_{\bar{B}} := \left[\frac{2(\sigma+1)(k-2)\left(|Q|_\infty S_\alpha^k|\{V<c\}|^{\frac{2^*_\alpha-k}{2^*_\alpha}}\right)^{\frac{2^*_\alpha-k}{k-2}}}{km_0 a(2^*_\alpha-2)(\min\{b,1\})^{\frac{2^*_\alpha-k}{k-2}}}\right]^{\frac{1}{2(\sigma+1)-2^*_\alpha}}$$

使得对任意的 $u \in E_\lambda$，$J_{\lambda,a}(u) \geq 0$ 且满足

$$\int_{R^N}\left|(-\Delta)^{\frac{\alpha}{2}}u\right|^2 dx \geq \bar{C}_a = \max\left\{\rho_0^{\frac{1}{2}}, C_a\right\}$$

则可以证明存在一个常数 $\hat{C}_a > \bar{C}_a$，对任意的 $u \in E_\lambda$ 和 $\|u\|_\lambda \geq \hat{C}_a$，使得 $J_{\lambda,a}(u) \geq 0$。

设

$$\tilde{C}_a = \left[\bar{R}_a^2 + 2\beta_0(\bar{C}_a)\left(1 - \frac{1}{\lambda c_0}\right)\left(\frac{2(2^*_\alpha-k)Q|_\infty}{k(2^*_\alpha-2)}\right)\right]^{\frac{1}{2}} \qquad (3.38)$$

式中，$\beta_0(\bar{C}_a) = \frac{(2_\alpha^* - k)|Q|_\infty}{k(2_\alpha^* - 2)} |\{V < c_0\}|^{\frac{2}{N}} S_\alpha^{-2} \bar{C}_a + \frac{(2_\alpha^* - k)|Q|_\infty}{k(2_\alpha^* - 2)} S_\alpha^{-2_\alpha^*} \bar{C}_a^{2_\alpha^*}$.

这样存在对任意的 $u \in E_\lambda$，且满足 $\int_{R^N} \left|(-\Delta)^{\frac{\alpha}{2}} u\right|^2 dx \geq \bar{C}_a = \max\left\{\rho_0^{\frac{1}{2}}, C_a\right\}$ 使得 $J_{\lambda,a}(u) \geq 0$.

如果 $\rho_0^{\frac{1}{2}} \leq \int_{R^N} \left|(-\Delta)^{\frac{\alpha}{2}} u\right|^2 dx < \bar{C}_a$，能够证明当 $\int_{R^N} \lambda V(x) u^2 dx \geq 2\beta_0(\bar{C}_a) \cdot$

$\left(1 - \frac{2(2_\alpha^* - k)|Q|_\infty}{\lambda k c_0 (2_\alpha^* - 2)}\right)^{-1}$ 时，$J_{\lambda,a}(u) \geq 0$

事实上，应用式（3.26）能够推断出

$$J_{\lambda,a}(u) = \left[\frac{a}{2} \hat{m}\left(\int_{R^N} \left|(-\Delta)^{\frac{\alpha}{2}} u\right|^2 dx\right)\right] + \frac{b}{2} \int_{R^N} \left|(-\Delta)^{\frac{\alpha}{2}} u\right|^2 dx + \frac{1}{2} \int_{R^N} \lambda V(x) u^2 dx - \frac{|Q|_\infty}{k} \int_{R^N} |u|^k dx$$

$$\geq \frac{1}{2} \int_{R^N} \lambda V(x) \mu^2 dx - \frac{(k-2)|Q|_\infty}{(2_\alpha^* - 2)k} S_\alpha^{-2_\alpha^*} \bar{C}_a^{2_\alpha^*} -$$

$$\frac{(2_\alpha^* - p)|Q|_\infty}{k(2_\alpha^* - 2)} \left(\frac{1}{\lambda c_0} \int_{R^N} \lambda V(x) u^2 dx + |\{V < c_0\}|^{\frac{2}{N}} S_\alpha^{-2} \bar{C}_a^2\right)$$

$$\geq \frac{1}{2}\left[1 - \frac{2(2_\alpha^* - k)|Q|_\infty}{\lambda k c_0(2_\alpha^* - 2)}\right] \int_{R^N} \lambda V(x) u^2 dx - \beta_0(\bar{C}_a^2)$$

$$\geq 0$$

由此，得到存在一个像式（3.38）定义的常数 $\tilde{C}_a$，对任意的 $u \in E_\lambda$ 和 $\|u\|_\lambda \geq \hat{C}_a$，使得 $J_{\lambda,a}(u) \geq 0$.

证毕.

引理 3.1.14 如果满足条件 $(V_1) \sim (V_3)$，(F_4) 和 (F_5)，以及 $\sigma \geq \frac{2\alpha}{N - 2\alpha}$，$(F_2)$ 和 (F_3) 成立 $N \geq 3$.

则对任意的 $a > 0$ 和 $\lambda > \bar{\gamma}_4$ 成立

$$\tilde{\theta}_a =: \inf\{J_{\lambda,a}(u) : u \in E_\lambda, \text{ 且 } \|u\|_{H^\alpha(R^N),\lambda} < \tilde{C}_a\} < 0$$

证明 此引理可以从引理 3.1.4 和引理 3.1.11 中得到，此处不再赘述.

引理 3.1.15 如果满足条件 $(V_1) \sim (V_3)$，(F_4) 和 (F_5)，以及 $\sigma \geq \dfrac{2\alpha}{N-2\alpha}$，$(F_2)$ 和 (F_3) 成立 $N \geq 3$.

则存在一个常数 $\tilde{\gamma}_5 \geq \max\{\overline{\gamma}_1, \overline{\gamma}_4\}$ 对任意的 $a > 0$ 和 $\lambda \geq \tilde{\gamma}_5$，函数 $J_{\lambda,a}(u)$ 存在一个临界点 $u_{\lambda,a}^1 \in E_\lambda$ 使得 $J_{\lambda,a}(u_{\lambda,a}^1) = \tilde{\theta}_a < 0$.

证明 1）利用引理 3.1.14 和 Ekeland 变分原理，能够假定 $\{u_n\} \subset E_\lambda$ 是一有界极小序列且满足 $\|u_n\|_{H^\alpha(\mathbb{R}^N),\lambda} < \tilde{C}_a$ 使得当 $n \to \infty$ 时，$J_{\lambda,a}(u_n) \to \tilde{\theta}_a$ 和 $(1+\|u\|_{E_\lambda})\|J'_{\lambda,a}(u_n)\|_{E_\lambda^{-1}} \to 0$.

由引理存在一个子序列 $\{u_n\}$ 和 $u_{\lambda,a}^1 \in E_\lambda$，使得在 E_λ 中，$u_n \xrightarrow{\text{强}} u_{\lambda,a}^1$，这蕴含着函数 $J_{\lambda,a}(u)$ 存在一个临界点 $u_{\lambda,a}^1 \in E_\lambda$，使得 $J_{\lambda,a}(u_{\lambda,a}^1) = \tilde{\theta}_a < 0$.

2）定理 3.1.1 和定理 3.1.2 的证明

定理 3.1.1 的证明直接来自引理 3.1.11，应用引理 3.1.12 和引理 3.1.15，存在一个正常数 $\tilde{\gamma}_* \geq \max\{\tilde{\gamma}_2, \tilde{\gamma}_5\}$ 使得对任意的常数 $0 < a < a_*$ 和 $\lambda > \tilde{\gamma}_*$，式（3.1）获得两个非平凡的正解 $u_{\lambda,a}^1$ 和 $u_{\lambda,a}^2$ 且满足 $J_{\lambda,a}(u_{\lambda,a}^1) < 0 < J_{\lambda,a}(u_{\lambda,a}^2)$. 而且，$u_{\lambda,a}^1$ 是式（3.1）的一个基态解.

证毕.

3）定理 3.1.3 和定理 3.1.4 的证明

由引理 3.1.2 和引理 3.1.5 以及山路引理（见文献[32]定理 1.15），对任意的 $\lambda \geq \gamma_N$ 和 $0 < a < \dfrac{1}{m_\infty \overline{\mu}_1^{(k)}}$，存在序列 $\{u_n\} \subset E_\lambda$，使得当 $n \to \infty$ 时，

$J_{\lambda,a}(u_n) \to \alpha_{\lambda,a} > 0$ 和

$$(1+\|u_n\|_{H^\alpha(\mathbb{R}^N),\lambda})\|J'_{\lambda,a}\|_{E_\lambda^{-1}} \to 0, (0 < \eta \leq \alpha_{\lambda,a} \leq \alpha_{0,a}(\Omega) < D_\alpha) \quad (3.39)$$

引理 3.1.16 如果满足条件 $(V_1) \sim (V_3)$，(F_4)，(F_5)，以及 $\sigma > \dfrac{k-2\alpha}{2\alpha}$，$(F_6)$ 和 (F_3) 成立 $N \geq 3$. 则对任意的 $0 < a < \dfrac{1}{m_\infty \overline{\mu}_1^{(k)}}$ 和 $\lambda \geq \gamma_N$，定义在式（3.38）中的序列 $\{u_n\}$，在 E_λ 上是有界的.

证明 采用反证法.

假设当 $n \to \infty$ 时，$\|u_n\|_{H^\alpha(\mathbb{R}^N),\lambda} \to \infty$，分两种情形讨论.

情形 I：$\int_{R^N}\left|(-\Delta)^{\frac{\alpha}{2}}u\right|^2\mathrm{d}x\to\infty$。由式（3.6），式（3.13）联合条件$(F_5)$，以及 Nirenberg 不等式，得

$$\begin{aligned}o(1)=&\frac{am\left(\int_{R^N}\left|(-\Delta)^{\frac{a}{2}}u\right|^2\mathrm{d}x\right)\int_{R^N}\left|(-\Delta)^{\frac{a}{2}}u\right|^2\mathrm{d}x}{\left(\int_{R^N}\left|(-\Delta)^{\frac{a}{2}}u\right|^2\mathrm{d}x\right)^k}+\frac{b\int_{R^N}\left|(-\Delta)^{\frac{a}{2}}u\right|^2\mathrm{d}x+\int_{R^N}\lambda V(x)u_n^2\mathrm{d}x}{\left(\int_{R^N}\left|(-\Delta)^{\frac{a}{2}}u\right|^2\mathrm{d}x\right)^k}-\\&\frac{\int_{R^N}f(x,u_n)u_n\mathrm{d}x}{\left(\int_{R^N}\left|(-\Delta)^{\frac{a}{2}}u\right|^2\mathrm{d}x\right)^k}\\\geqslant & am_0\left(\int_{R^N}\left|(-\Delta)^{\frac{a}{2}}u\right|^2\mathrm{d}x\right)^{2(\sigma+1)-k}-\frac{c^*\left(\int_{R^N}\left|(-\Delta)^{\frac{a}{2}}u\right|^2\mathrm{d}x\right)^k}{\overline{v}_1^{(k)}\left(\int_{R^N}\left|(-\Delta)^{\frac{a}{2}}u\right|^2\mathrm{d}x\right)^k}\\\geqslant & am_0\left(\int_{R^N}\left|(-\Delta)^{\frac{a}{2}}u\right|^2\mathrm{d}x\right)^{2(\sigma+1)-k}-\frac{c^*}{\overline{v}_1^{(k)}}\\\to &\infty\end{aligned}\quad(3.40)$$

当 $n\to\infty$ 时，式（3.40）成立，因为 $2(\sigma+1)>k$ 与条件矛盾.

情形 II：对于任意的 n 和一些常数 C_*，有 $\int_{R^N}\left|(-\Delta)^{\frac{a}{2}}u\right|^2\mathrm{d}x\leqslant C_*$ 和 $\int_{R^N}\lambda V(x)u_n^2\mathrm{d}x\to\infty$. 利用式（3.7），式（3.14）和条件$(F_5)$，有

$$\begin{aligned}o(1)=&\frac{am\left(\int_{R^N}\left|(-\Delta)^{\frac{a}{2}}u\right|^2\mathrm{d}x\right)\int_{R^N}\left|(-\Delta)^{\frac{a}{2}}u\right|^2\mathrm{d}x}{\left(\int_{R^N}\lambda V(x)u_n^2\mathrm{d}x\right)^k}+\frac{b\int_{R^N}\left|(-\Delta)^{\frac{a}{2}}u\right|^2\mathrm{d}x+\int_{R^N}\lambda V(x)u_n^2\mathrm{d}x}{\left(\int_{R^N}\lambda V(x)u_n^2\mathrm{d}x\right)^k}-\\&\frac{\int_{R^N}f(x,u_n)u_n\mathrm{d}x}{\left(\int_{R^N}\lambda V(x)u_n^2\mathrm{d}x\right)^k}\end{aligned}$$

$$\geqslant 1 - \frac{c^* \left(\int_{R^N} \left|(-\Delta)^{\frac{a}{2}} u\right|^2 \mathrm{d}x \right)^k}{\overline{v}_1^{(k)} \int_{R^N} \lambda V(x) u_n^2 \mathrm{d}x}$$

$$\geqslant 1 - \frac{c^* C_0^k}{\overline{v}_1^{(k)} \int_{R^N} \lambda V(x) u_n^2 \mathrm{d}x} = 1 + o(1)$$

这与之前的假设矛盾，因此对任意的 $0 < a < \dfrac{1}{m_\infty \overline{\mu}_1^{(k)}}$ 和 $\lambda \geqslant \gamma_N$，定义在式（3.39）中的序列 $\{u_n\}$ 在 E_λ 上是有界的.

证毕.

引理 3.1.17 如果满足条件 $(V_1) \sim (V_3)$，以及 $(F_1), (F_3), (F_6)$ 成立，$N \geqslant 3$. 则对任意的 $D > 0$ 存在常数 $\overline{\gamma} = \overline{\gamma}(a, D) \geqslant \gamma_N > 0$，使得对任意的 $D > \alpha$ 和 $\lambda > \overline{\gamma}$ 在 E_λ 上，函数 $J_{\lambda, a}$ 满足 $(C)_\alpha$ 条件.

引理 3.1.18 如果满足条件 $(V_1) \sim (V_3)$，以及 $(F_3), (F_4), (F_5), (F_6)$，及 $\sigma > \dfrac{k - 2\alpha}{2\alpha}$ 成立，$N \geqslant 3$. 则对任意的 $D > 0$ 存在常数 $\overline{\gamma}_* = \overline{\gamma}_*(a, D) \geqslant \gamma_N > 0$，使得对任意的 $D > \alpha$ 和 $\lambda > \overline{\gamma}_*$ 在 E_λ 上，函数 $J_{\lambda, a}$ 满足 $(C)_\alpha$ 条件.

引理 3.1.19 如果满足条件 $(V_1) \sim (V_3)$，$(F_1), (F_3), (F_6)$ 成立，$N \geqslant 3$. 则对任意的 $0 < a \leqslant \dfrac{1}{m_\infty \overline{\mu}_0^{(k)}}$ 及对任意的 $\lambda > \overline{\gamma}$，函数 $J_{\lambda, a}(u)$ 存在一个临界点 $u_\lambda \in E_\lambda$，使得 $J_{\lambda, a}(u_\lambda) > 0$.

证明 该引理与引理 3.1.9 类似，可以通过应用式（3.39）、引理 3.1.7 和引理 3.1.17 来证明.

引理 3.1.20 如果满足条件 $(V_1) \sim (V_3), (F_3), (F_4), (F_5), (F_6)$，及 $\sigma > \dfrac{k - 2\alpha}{2\alpha}$ 成立，$N \geqslant 3$. 则对任意的 $0 < a \leqslant \overline{a}_*$ 及对任意的 $\lambda > \overline{\gamma}_*$，能量函数 $J_{\lambda, a}(u)$ 存在一个临界点 $u_{\lambda, a}^2 \in E_\lambda$，使得 $J_{\lambda, a}(u_{\lambda, a}^2) > 0$.

证明 该引理与引理 3.1.9 类似，可以通过应用引理 3.1.16 和引理 3.1.18 来证明这个结果.

引理 3.1.21 如果满足条件 $(V_1) \sim (V_3), (F_3) \sim (F_6)$，及 $\sigma > \dfrac{k - 2\alpha}{2\alpha}$ 成立，

$N \geqslant 3$. 则对任意的 $a > 0$ 和 $\lambda > 0$, 在 E_λ 上能量泛函 $J_{\lambda,a}(u)$ 下有界, 且对任意的 $u \in E_\lambda$, 存在 $\overline{C}_a > 0$ 和 $\|u\|_{H^\alpha(R^N),\lambda} \geqslant \overline{C}_a$ 能量函数 $J_{\lambda,a}(u) \geqslant 0$.

证明 对 $\int_{R^N} |(-\Delta)^{\frac{\alpha}{2}} u|^2 dx < \rho_1^{\frac{1}{2}}$, 则用式（3.6）和式（3.16）, 有

$$J_{\lambda,a}(u) \geqslant \frac{b}{2} \int_{R^N} |(-\Delta)^{\frac{\alpha}{2}} u|^2 dx + \frac{1}{2} \int_{R^N} \lambda V(x) u^2 dx -$$

$$\frac{c^*}{k \overline{v}_1^{(k)}} \left(\int_{R^N} |(-\Delta)^{\frac{\alpha}{2}} u|^2 dx \right)^k$$

$$\geqslant \frac{b}{2} \int_{R^N} |(-\Delta)^{\frac{\alpha}{2}} u|^2 dx - \frac{c^*}{k \overline{v}_1^{(k)}} \left(\int_{R^N} |(-\Delta)^{\frac{\alpha}{2}} u|^2 dx \right)^k$$

这意味着, 对任意的 $a > 0$ 和 $\lambda > 0$, 在 E_λ 上能量泛函 $J_{\lambda,a}(u)$ 下有界.

对 $\int_{R^N} |(-\Delta)^{\frac{\alpha}{2}} u|^2 dx \geqslant \rho_1^{\frac{1}{2}}$, 则由条件 (F_5) 且 $\sigma > \frac{k-2\alpha}{2\alpha}$, 利用式（3.6）, 式（3.16）, 有

$$J_{\lambda,a}(u) \geqslant \left[\frac{a}{2} \hat{m} \left(\int_{R^N} |(-\Delta)^{\frac{\alpha}{2}} u|^2 dx \right) \right] + \frac{b}{2} \int_{R^N} |(-\Delta)^{\frac{\alpha}{2}} u|^2 dx + \frac{1}{2} \int_{R^N} \lambda V(x) u^2 dx -$$

$$\frac{c^*}{k \overline{v}_1^{(k)}} \left(\int_{R^N} |(-\Delta)^{\frac{\alpha}{2}} u|^2 dx \right)^k$$

$$\geqslant \frac{m_0 a}{2(\sigma+1)} \left(\int_{R^N} |(-\Delta)^{\frac{\alpha}{2}} u|^2 dx \right)^{2(\sigma+1)} - \frac{c^*}{k \overline{v}_1^{(k)}} \left(\int_{R^N} |(-\Delta)^{\frac{\alpha}{2}} u|^2 dx \right)^k$$

这意味着对任意的 $a > 0$ 和 $\lambda > 0$, 在 E_λ 上能量泛函 $J_{\lambda,a}(u)$ 下有界.

因为 $\sigma > \frac{k}{2\alpha} - 1$, 而且对任意的 $a > 0$ 存在 $C_a > t_{\overline{B}} := \left(\frac{2(\sigma+1)c^*}{k \overline{v}_1^{(k)} m_0 a} \right)^{\frac{1}{2(\sigma+1)-k}}$, 对任意的 $u \in E_\lambda$ 存在 $C_a > 0$, 和 $\|u\|_{H^\alpha(R^N),\lambda} \geqslant C_a$ 能量函数 $J_{\lambda,a}(u) \geqslant 0$.

这样可以证明存在一个常数 $\overline{C}_a > 0$, 使得 $J_{\lambda,a}(u) \geqslant 0$. 对任意的 $u \in E_\lambda$ 存在 $\overline{C}_a > 0$, 和 $\|u\|_{H^\alpha(R^N),\lambda} \geqslant \overline{C}_a$, $\int_{R^N} |(-\Delta)^{\frac{\alpha}{2}} u|^2 dx \geqslant C_a$ 能量函数 $J_{\lambda,a}(u) \geqslant 0$.

如果 $\int_{R^N} \left|(-\Delta)^{\frac{\alpha}{2}} u\right|^2 \mathrm{d}x < C_a$，当 $\int_{R^N} \lambda V(x)u^2 \mathrm{d}x \geqslant \dfrac{2c^*}{k\overline{v}_1^{(k)}} C_a^k$ 时，能够得到 $J_{\lambda,a}(u) \geqslant 0$。

事实上，可得到

$$J_{\lambda,a}(u) \geqslant \left[\frac{a}{2}\hat{m}\left(\int_{R^N}\left|(-\Delta)^{\frac{\alpha}{2}}u\right|^2 \mathrm{d}x\right)\right] + \frac{b}{2}\int_{R^N}\left|(-\Delta)^{\frac{\alpha}{2}}u\right|^2 \mathrm{d}x + \frac{1}{2}\int_{R^N}\lambda V(x)u^2 \mathrm{d}x -$$

$$\frac{c^*}{k\overline{v}_1^{(k)}}\left(\int_{R^N}\left|(-\Delta)^{\frac{\alpha}{2}}u\right|^2 \mathrm{d}x\right)^k$$

$$\geqslant \int_{R^N} \lambda V(x)u^2 \mathrm{d}x - \frac{c^*}{k\overline{v}_1^{(k)}} C_a^k$$

因此，对任意的 $u \in E_\lambda$ 存在 $\overline{C}_a > 0$，和 $\|u\|_{H^\alpha(R^N),\lambda} \geqslant \overline{C}_a$ 能量函数 $J_{\lambda,a}(u) \geqslant 0$。

引理 3.1.22 如果满足条件 $(V_1) \sim (V_3)$，(F_5)，以及 $\sigma > \dfrac{k-2\alpha}{2\alpha}$，$(F_6)$ 和 (F_3) 成立 $N \geqslant 3$。则对任意的 $a > 0$ 和 $\lambda > 0$ 成立

$$\overline{\theta} =: \inf\{J_{\lambda,a}(u) : u \in E_\lambda \text{且} \|u\|_{H^\alpha(R^N),\lambda} < \overline{C}_a\} < 0 \tag{3.41}$$

证明 可以直接从引理 3.1.6 和 3.1.21 中证得这个引理。

引理 3.1.23 如果满足条件 $(V_1) \sim (V_3)$，(F_4) 和 (F_5)，以及 $\sigma > \dfrac{k-2\alpha}{2\alpha}$，$(F_6)$ 和 (F_3) 成立 $N \geqslant 3$。则对任意的 $a > 0$ 和 $\lambda \geqslant \tilde{\gamma}_*$ 函数 $J_{\lambda,a}(u)$ 存在一个非平凡临界点 $u_{\lambda,a}^1 \in E_\lambda$，使得 $J_{\lambda,a}(u_{\lambda,a}^1) = \overline{\theta}_a < 0$，$\overline{\theta}$ 的定义同式（3.41）。

证明 应用引理 3.1.23 和 Ekeland 变分原理，可以得到存在一个极小化有界序列 $\{u_n\} \subset E_\lambda$，且有 $\|u\|_{H^\alpha(R^N),\lambda} < \overline{C}_a$ 使得当 $n \to \infty$ 时，$J_{\lambda,a}(u) \to \overline{\theta}$ 和 $J'_{\lambda,a}(u_n) \to 0$。

因此，引理 3.1.23 意味着有存在一个子序列 $J'_{\lambda,a}(u_n) \to 0$ $\{u_n\}$ 和 $u_{\lambda,a}^1 \in E_\lambda$，且有 $\|u_{\lambda,a}^1\|_{H^\alpha(R^N),\lambda} < \overline{C}_a$ 使得，在 E_λ 中 $u_n \xrightarrow{\text{强}} u_{\lambda,a}^1$，即推断出 $J'_{\lambda,a}(u_{\lambda,a}^1) = 0$ 和 $J_{\lambda,a}(u_{\lambda,a}^1) = \overline{\theta}_a < 0$。

证毕。

证明 由引理 3.1.19，可以直接证明定理 3.1.3. 根据引理 3.1.20 和引理 3.1.23，对于任何 $0 < a < \bar{a}_*$ 和 $\lambda > \bar{\gamma}_*$，式（3.1）得到了两个非平凡的正解 $u_{\lambda,a}^1$ 和 $u_{\lambda,a}^2$ 满足 $J_{\lambda,a}(u_{\lambda,a}^1) < 0 < J_{\lambda,a}(u_{\lambda,a}^2)$. 尤其是 $u_{\lambda,a}^1$ 是式（3.1）的一个基态解.

证毕.

3.1.4 总 结

由条件函数 f 满足 $\lim\limits_{|t|\to\infty}\dfrac{f(x,t)}{|t|^{k-1}} = Q(x)$ 对任意的 $2 < k < 2_\alpha^*$ 在 $x \in R^N$ 上一致成立，本节研究了函数 m 和 Q 对解决方案的影响. 应用变分方法，得到了多个解的存在性. 此外，还获得了基态解. 通过推导发现，当关于 m 和 f 的假设不同时，可以获得不同解的数量. 本文的主要贡献是建立了一个多重性定理，其中主要方法是基于变分法. 值得注意的是，截至目前还没有为这个关键案例提供多种解决方案，后继将继续研究这个案例.

3.2 带有临界非局部项薛定谔-泊松系统的非平凡解的存在性研究

本节主要考虑具有临界非局部和消失能的薛定谔-泊松（Schrödinger-Poisson）系统

$$\begin{cases} -\Delta u + V(x)u - l(x)\phi|u|^3 u = \eta K(x)f(u), & x \in R^3 \\ -\Delta \phi = l(x)u^5, & x \in R^3 \end{cases} \quad (3.42)$$

非平凡解的存在性，式中 $V(x)$，$K(x)$ 是正连续函数而且消失在无穷远，$l(x)$ 是一个有界函数，$\eta > 0$ 是一个参数. 首先，假设函数 (V, K) 是连续函数 $V, K : R^3 \to R$ 属于 κ，$(V, K) \in \kappa$ 满足下列条件：

(VK_1) 对任意的 $x \in R^3$，有 $V(x)$，$K(x) > 0$ 和 $K \in L^\infty(R^3)$.

(VK_2) 如果 $\{A_n\} \subset R^3$ 是一个 Borel 集序列，使得勒贝格测度 $\text{meas}(A_n) \leqslant R$ 对任意的 $n \in N$ 和一些 $R > 0$ 都成立，则 $\lim\limits_{r \to +\infty} \int_{A_n \cap B_r^c(0)} K(x)\mathrm{d}x = 0$，$\forall n \in N$，而且下面二者之一会发生：

(VK_3) $\dfrac{K}{V} \in L^\infty(R^3)$ 或者 (VK_4) 存在 $p_0 \in (2,6)$ 使得 $\dfrac{K(x)}{V(x)^{\frac{6-p_0}{4}}} \to 0, |x| \to \infty$.

函数 $V(x), K(x)$ 的假设在文献[7]中首次被提到，主要用于刻画位势函数趋于零的情形，后续研究出现在文献[37, 39, 43, 44, 45, 46, 48-51]中.

现在对非线性项 $f(u)$ 做如下假设：

设有

(f_1) 如果 (VK_3) 成立 $\lim\limits_{t \to 0} \dfrac{f(t)}{t} = 0$ 或者；

(f_2) f 具有拟临界增长即 $\lim\limits_{t \to \infty} \dfrac{f(t)}{t^5} = 0$；

(f_3) 对所有的 $t \in R$，存在一个 $\theta \in (2, 2^*)$ 使得 $0 \leqslant \theta F(t) \leqslant t f(t)$，这里 $F(t) = \int_0^t f(s) \mathrm{d}s$.

对函数 $l(x)$ 做如下的假设：

(l_1) 存在 x_0 使得 $l(x_0) = \sup\limits_{x \in R^3} |l(x)|$.

(l_2) 对于 x 趋于 x_0，有 $l(x) = l(x_0) + o(|x - x_0|), x \to x_0$.

3.2.1 引言及其主要结论

近些年来，许多学者广泛研究了 Schrödinger - Poisson 系统，其来自量子力学中的数学模型，描述在正电荷背景下运动的电子. 如果需要了解更多的数学模型可参考文献[46, 53]，作者利用了变分法考察了当位势函数 $V(x)$ 和非线性项 $f(x, u)$ 满足各种条件变化时，式（3.42）解的存在性和多重性问题，可以参考文献[36, 54, 56]以及相关的文献. 式（3.42）的研究是受下面 Schrödinger 系统的启发

$$\begin{cases} -\Delta u + bu + q\phi g(u) = f(u), & x \in R^3 \\ -\Delta \phi = 2G(u), & x \in R^3 \end{cases}$$

式中，$g(t) \leqslant C(|t| + |t|^s), s \in [1, 4)$，在文献[71]中作者利用单调性技术对系统（3.42）进行了研究.

最近，带有临界非局部项的 Schrödinger - Poisson 系统

$$\begin{cases} -\Delta u + \mu u + b\phi |u|^3 u = f(x, u), & x \in B_R \\ -\Delta \phi = p |u|^5, & x \in B_R \\ u = \phi = 0, & x \in \partial B_R \end{cases} \quad (3.43)$$

同样引起了广泛关注，关于其解的存在性和多重性问题也有很多结果.

另一方面，当 $l(x) \equiv 0$ 时，问题（3.42）则转化为如下 Schrödinger 方程

$$-\Delta u + V(x)u = f(x,u), x \in R^N u \in H^1(R^N) \quad (3.44)$$

目前，关于问题（3.44）有很多有很意义的成果，可以参考文献[35, 58-65]等. 这些文献中关于位势函数和非线性项提出了各种不同假设条件，分别研究了解的存在性、多重性以及正解、基态解和变号解的存在性. 其中，文献[54, 55]研究的是周期情形，Tang 在文献[56]中考虑了渐进周期情形.

目前还没有相关文献讨论临界增长条件下若位势函数趋向于无穷远时系统解的存在性问题（3.42）的正解是否存在. 因此，受以上研究成果的启发，本节的主要任务是考虑当位势函数消失在无穷远时方程的正解问题. 本节中没有用到经典的（AR）条件，并且带有临界增长的非局部项解的存在性问题，问题（3.42）正解的存在性问题. 由于本节考虑的空间是全空间 R^3，并且非线项是临界增长的，这样会导致紧性的缺失问题.而紧性的缺失使我们在验证泛函满足 Palais-Smale 条件时面临着很大的困难.

定理 3.2.1 假定条件 $(V,K) \in \kappa$ 和 $(f_1),(f_2),(f_3)$ 成立，以及函数 $l(x)$ 满足 $(l_1),(l_2)$. 则如果 $\theta \in (1,3]$ 和对足够大的 $\eta > 0$，系统（3.42）至少有一个非平凡的解.

定理 3.2.2 假定条件 $(V,K) \in \kappa$ 和 $(f_1),(f_2),(f_3)$ 成立，以及函数 $l(x)$ 满足 $(l_1),(l_2)$. 则如果 $\theta \in (3,5]$ 和对足够大的 $\eta > 0$，系统（3.42）至少有一个非平凡的解.

1. 基本结论和重要引理

对于任意的 $1 \leq s < \infty$，设 $\|u\|_s = \left(\int_{R^3} |u|^s \, dx\right)^{\frac{1}{s}}, u \in L^s(R^3)$

$$\|u\|_\infty = \underset{x \in R^3}{ess\,sup} | u(x)\|, u \in L^\infty(R^3)$$

S 是 $D^{1,2}(R^3) \xrightarrow{\text{嵌入}} L^6(R^3)$ 中的最佳 Sobolev 常数，即

$$S = \inf_{u \in D^{1,2}(R^3) \setminus \{0\}} \frac{\|\nabla u\|_2^2}{\|u\|_6^2}$$

这里

$$D^{1,2}(R^3) = \{u \in L^6(R^3) | \nabla u \in L^2(R^3)\} \quad (3.45)$$

定义空间

$$E = \left\{u \in D^{1,2}(R^3) \int_{R^3} V(x)|u|^2 \, dx < +\infty\right\}$$

相应的范数为

$$\|u\|_E^2 = \int_{R^3} |\nabla u|^2 \, dx + \int_{R^3} V(x)|u|^2 \, dx$$

如果 $u \in E$ 是系统（3.42）的一个弱解及其满足

$$\int_{R^3} \nabla u \nabla \varphi \, dx + \int_{R^3} V(x) u \varphi \, dx - \int_{R^3} l(x) \phi |u|^4 \varphi \, dx - \eta \int_{R^3} K(x) f(u) \varphi \, dx = 0 \quad (3.46)$$

对任意 $\varphi \in E$ 都成立.

系统（3.42）的弱解是下面能量泛函的临界点：

$$J(u) := \frac{1}{2} \int_{R^3} (|\nabla u|^2 + V(x)|u|^2) \, dx - \frac{1}{10} \int_{R^3} l(x) \phi_u |u|^5 \, dx - \eta \int_{R^3} K(x) f(u) \, dx \quad (3.47)$$

式中，$F(u) = \int_0^u f(s) \, ds$.

容易证明 $J \in C^1(E, R)$ 且定义 $J' : E \to E'$.

$$\langle J'(u) v \rangle = \int_{R^3} \nabla u \nabla v \, dx + \int_{R^3} V(x) u v \, dx - \int_{R^3} l(x) \phi p |u|^4 v \, dx - \eta \int_{R^3} K(x) f(u) v \, dx \quad (3.48)$$

对任意 $v \in E$ 都成立.

定义 Lebesgue 空间 $\{L_K^p(R^3) = u : R^3 \to R \,|\, u$ 是可测的，且 $\int_{R^3} K(x) |u|^p \, dx < +\infty\}$. 相应的范数为 $\|u\|_{L_K^p(R^3)} := \left(\int_{R^3} K(x) |u|^p \, dx\right)^{\frac{1}{p}}$

以下陈述两个 Alves 和 Souto 的结论，可以参考文献[41]中的引理 2.1 和引理 2.2.

第 3 章 分数阶基尔霍夫方程多解的存在性及集中性带有深井位势函数研究

命题 3.2.1 [41] 假定 $(V,K) \in \kappa$ 成立，对每一个 $p \in (2,6)$，$E \to \to L_K^p(R^N)$，如果 (VK_4) 成立 $E \to \to L_K^p(R^N)$.

命题 3.2.2 [41] 假定函数 f 满足 (f_1) 和 (f_2)，且满足 $(V,K) \in \kappa$，如果 $\{v_n\}$ 在 E 中使得 $v_n \to v$ 则

$$\int_{R^3} K(x) F(v_n) \mathrm{d}x \to \int_{R^3} K(x) F(v) \mathrm{d}x \tag{3.49}$$

$$\int_{R^3} K(x) f(v_n) v_n \mathrm{d}x \to \int_{R^3} K(x) f(v) v \mathrm{d}x \tag{3.50}$$

成立.

引理 3.2.1 [38] 对任何的 $u \in L^6(R^3)$，存在唯一的 $\phi_u \in D^{1,2}(R^3)$，这里 u 也是下面方程的解.

$$-\Delta \phi = |u|^5, x \in R^3 \text{ 这里 } \phi_u(x) = \int_{R^3} \frac{|u(y)|^5}{|x-y|} \mathrm{d}y \text{ 且}$$

（1） $\|\phi_u\|_{D^{1,2}(R^3)}^2 = \int_{R^3} \phi_u |u|^5 \mathrm{d}x$.

（2） 对任意的 $x \in R^3, \phi_u(x) > 0$.

（3） 对任意的 $\theta > 0, \phi_{u_\theta} = \theta^2 (\phi_u)_\theta$，这里 $u_\theta(\bullet) = u(\cdot/\theta)$.

（4） 对任意的 $t > 0, \phi_{t_u} = t^5 \phi_u$.

（5） 对任何的 $u \in L^6(R^3)$，

$$\|\phi_u\|_{D^{1,2}(R^3)} \leqslant S^{-\frac{1}{2}} |u|_6^5, \int_{R^3} \phi_u |u|^5 \mathrm{d}x \leqslant S^{-1} |u|_6^{10}$$

式中，S 在（3.45）中被定义.

（5） 如果 $u_n \xrightarrow{弱} u$ 在 $L^6(R^3)$ 中和当 $n \to \infty$ 时 $u_n \to u$ 几乎处处在 R^3 中成立，则在 $D^{1,2}(R^3)$ 中 $\phi_{u_n} \to \phi_u$.

引理 3.2.2（见文献[38]引理 2.3）如果 $u_n \to u$ 在 $L^6(R^3)$ 中且在 R^3 中几乎处处成立，则当 $n \to \infty$ 时，

$$|u_n|^5 - |u_n - u|^5 - |u|^5 \to 0, x \in L^{\frac{6}{5}}(R^3)$$

$$\phi_{u_n} - \phi_{u_n - u} - \phi_u \to 0, x \in D^{1,2}(R^3)$$

$$\int_{R^3}\phi_{u_n}|u_n|^5\,\mathrm{d}x-\int_{R^3}\phi_{u_n-u}|u_n-u|^5\,\mathrm{d}x-\int_{R^3}\phi_u|u|^5\,\mathrm{d}x\to 0$$

$$|u_n|^3 u_n-|u_n-u|(u_n-u)-|u|^3 u, x\in D^{1,2}(R^3)$$

2. 主要结论的证明

为了证明引理 3.3.2 先证明引理 3.2.3

引理 3.2.3 假设 $(V,K)\in \kappa$ 成立，则对任意的 $p\in [2,6]$，存在 $C>0$ 使得

$$\|u\|_{L_k^p(R^3)}\leqslant C\|u\|_E, \forall u\in E$$

证明 首先假设 (VK_2) 成立。对于 $p=2$ 或者 $p=6$ 的情形显而易见成立，不再赘述。只需证明 $p\in (2,6)$ 的情况。在假设 (VK_3) 条件下，这个嵌入是成立的，对于固定的 $p\in (2,6)$，定义 $m=\dfrac{6-p}{4}$，所以 $p=2m+(1-m)6$，有

$$\begin{aligned}\int_{R^3}K(x)|u|^p\,\mathrm{d}x &= \int_{R^3}|u|^{2m}|u|^{(1-m)6}\,\mathrm{d}x\\
&\leqslant \left(\int_{R^3}|K(x)|^{\frac{1}{m}}|u|^2\,\mathrm{d}x\right)^m\left(\int_{R^3}|u|^6\,\mathrm{d}x\right)^{1-m}\\
&\leqslant \left(\sup_{x\in R^3}\frac{|K(x)|}{|V(x)^m|}\right)\left(\int_{R^3}V(x)|u|^2\,\mathrm{d}x\right)^m\left(\int_{R^3}|u|^6\,\mathrm{d}x\right)^{1-m}\\
&\leqslant C\left(\sup_{x\in R^3}\frac{|K(x)|}{|V(x)^m|}\right)\left(\int_{R^3}V(x)|u|^2\,\mathrm{d}x\right)^m\left(\int_{R^3}|\nabla u|\,\mathrm{d}x\right)^{3(1-m)}\\
&\leqslant C\left(\sup_{x\in R^3}\frac{|K(x)|}{|V(x)^m|}\right)\left(\int_{R^3}(|\nabla u|^2+V(x)u^2)\,\mathrm{d}x\right)^{m+3(1-m)}\\
&\leqslant C\left(\sup_{x\in R^3}\int_{R^3}(|\nabla u|^2+V(x)u^2)\,\mathrm{d}x\right)^{\frac{p}{2}}\end{aligned}$$

因为 $K(x)\in L^\infty(R^3)$ 和 $K/V\in L^\infty(R^3)$ 成立，所以

$$\|u\|_{L_k^p(R^3)}\leqslant C\|u\|_E, p\in (2,6)$$

下一步，假设 (VK_4) 成立，与上一步用同样的方法定义 $m_0=\dfrac{6-p_0}{4}$，有

$$p=2m_0+(1-m_0)6$$

因此，有

第 3 章 分数阶基尔霍夫方程多解的存在性及集中性带有深井位势函数研究

$$\int_{R^3} K(x)|u|^{p_0}\,\mathrm{d}x = \int_{R^3} |u|^{2m_0}|u|^{(1-m_0)6}\,\mathrm{d}x$$

$$\leqslant \left(\int_{R^3} |K(x)|^{\frac{1}{m_0}}|u|^2\,\mathrm{d}x\right)^{m_0}\left(\int_{R^3}|u|^6\,\mathrm{d}x\right)^{1-m_0}$$

$$\leqslant \left(\sup_{x\in R^3}\frac{|K(x)|}{|V(x)|^{m_0}}\right)\left(\int_{R^3}V(x)|u|^2\,\mathrm{d}x\right)^{m_0}\left(\int_{R^3}|u|^6\,\mathrm{d}x\right)^{1-m_0}$$

$$\leqslant C\left(\sup_{x\in R^3}\frac{|K(x)|}{|V(x)|^{m_0}}\right)\left(\int_{R^3}V(x)|u|^2\,\mathrm{d}x\right)^{m_0}\left(\int_{R^3}|\nabla u|\,\mathrm{d}x\right)^{3(1-m_0)}$$

$$\leqslant C\left(\sup_{x\in R^3}\frac{|K(x)|}{|V(x)|^{m_0}}\right)\left(\int_{R^3}(|\nabla u|^2+V(x)u^2)\,\mathrm{d}x\right)^{m_0+3(1-m_0)}$$

$$\leqslant C\left(\sup_{x\in R^3}\int_{R^3}(|\nabla u|^2+V(x)u^2)\,\mathrm{d}x\right)^{\frac{p_0}{2}}$$

从 (VK_3) 推出 $\dfrac{K(x)}{|V(x)|^{m_0}}\in L^{\infty}(R^3)$

由此，得

$$\|u\|_{L_k^{p_0}(R^3)}\leqslant C\|u\|_E$$

证毕.

下一步证明函数 J 满足山路引理几何结构.

引理 3.2.4 函数 J 满足下面结论

（1）存在 ρ 和 $\alpha>0$ 使得 $J(u)\geqslant \alpha$ 且有 $\|u\|_E=\rho$.

（2）存在 $e\in B_\rho(0)$ 使得 $J(e)<0$.

证明：（1）分两种情况讨论：

情况 I

假定条件 (VK_3) 成立，对任意的 $\varepsilon>0$，从 (f_1) 和 (f_2) 推断出存在 $C_\varepsilon>0$ 使得

$$F(u)\leqslant \frac{\varepsilon}{2}|u|^2+C_\varepsilon|u|^6, \forall u\in E \tag{3.51}$$

利用式（3.50）和引理 3.2.1，得

$$\int_{R^3} K(x)F(u)\mathrm{d}x \leqslant \frac{\varepsilon}{2}\int_{R^3} K(x)|u|^2 \mathrm{d}x + C_\varepsilon \int_{R^3} K(x)|u|^6 \mathrm{d}x$$
$$\leqslant \frac{\varepsilon}{2}\|u\|_E^2 + C_\varepsilon \|u\|_E^6$$

利用引理 3.2.1，得

$$J(u) = \frac{1}{2}\int_{R^3}(|\nabla u|^2 + V(x)u^2)\mathrm{d}x - \frac{1}{10}\int_{R^3} l(x)\phi_u |u|^5 \mathrm{d}x - \eta\int_{R^3} K(x)F(u)\mathrm{d}x$$
$$\geqslant \frac{1}{2}\|u\|_E^2 - C\|u\|_E^{10} - \frac{\varepsilon}{2}\|u\|_E^2 - C_\varepsilon\|u\|_E^6$$
$$= \frac{1-\varepsilon}{2}\|u\|_E^2 - C\|u\|_E^{10} - C_\varepsilon\|u\|_E^6$$

因此，取 $\varepsilon = \frac{1}{2}$ 存在足够小的 $\|u\|_E = \rho$ 和 $\alpha > 0$ 使得 $J(u) \geqslant \alpha$.

情况 II

假定条件 (VK_4) 成立，利用 (f_1) 和 (f_2) 推断出存在 $\hat{C}_\varepsilon > 0$ 和 $\overline{C}_\varepsilon > 0$ 使得

$$F(u) \leqslant \hat{C}_\varepsilon |u|^{p_0} + \overline{C}_\varepsilon |u|^6, \forall u \in E$$

所以

$$J(u) = \frac{1}{2}\int_{R^N}(|\nabla u|^2 + V(x)u^2)\mathrm{d}x - \frac{1}{10}\int_{R^3} l(x)\phi_u |u|^5 \mathrm{d}x - \eta\int_{R^3} K(x)F(u)\mathrm{d}x$$
$$\geqslant \frac{1}{2}\|u\|_E^2 - C\|u\|_E^6 - C\|u\|_E^{10} - C\|u\|_E^{p_0}$$

和情况（I）类似，选取 $\|u\|_E = \rho$ 和 $\alpha > 0$，使得 $J(u) \geqslant \alpha$.

$$J(tu) = \frac{t^2}{2}\|u\|_E^2 - \frac{t^{10}}{10}\int_{R^3} K(x)\phi_u |u|^5 \mathrm{d}x - \eta\int_{R^3} K(x)F(tu)\mathrm{d}x$$

由 (f_3)，得到当 $t \to +\infty$ 时，$J(tu) \to -\infty$. 因此满足（2）.

证毕.

作为引理 3.2.4 的结果，找到函数 $J(u)$ 的一个 (PS) 序列在水平集上

$$C := \inf_{\gamma \in \Gamma} \max_{t \in [0,1]} J(\gamma(t)) > 0 \tag{3.52}$$

这里路径的集合定义为

$$J := \{\gamma \in C[0,1], H^1(R^3) : \gamma(0) = 0, J(\gamma(1)) < 0\}$$

第 3 章 分数阶基尔霍夫方程多解的存在性及集中性带有深井位势函数研究

引理 3.2.5 设 $\{u_n\}$ 是泛函 J 的一个 $(PS)_c$ 序列，则在 E 中 $\{u_n\}$ 是有界的.

证明：设 $\{u_n\} \subset E$ 是泛函 J 的一个 $(PS)_c$ 序列，即

$$J(u_n) \to C, J'(u_n) \to 0, n \to \infty$$

所以从 (f_3)，有

$$\begin{aligned}
C + 1 + |u_n|_E &\geq J(u_n) - \frac{1}{\theta}\langle J'(u_n), u_n\rangle \\
&= \left(\frac{1}{2} - \frac{1}{\theta}\right)\|u\|_E^2 + \frac{\eta}{\theta}\int_{R^3} K(x)(f(u_n)u_n - \theta F(u_n))\mathrm{d}x - \\
&\quad \left(\frac{1}{\theta} - \frac{1}{10}\right)\int_{R^3} l(x)\phi_u |u|^5 \,\mathrm{d}x \\
&\geq \left(\frac{1}{2} - \frac{1}{\theta}\right)\|u\|_E^2
\end{aligned}$$

对足够大的 n 不等式成立，这蕴含着 $\{u_n\}$ 在 E 中有界.

证毕.

由于临界非局部项的出现，不得不估计由引理 3.2.4 给出的 Mountain-Pass 值. 选择极值函数 $U_\varepsilon(x) = \dfrac{(3\varepsilon^2)^{\frac{1}{4}}}{(\varepsilon^2 + |x - x_0|^2)^{\frac{1}{2}}}$ 是在 R^3 中

$$-\Delta u = u^5$$

的解. 设 $\varphi \in C_0^\infty(R^3)$ 是一个截断函数，对所有的 $x \in R^3$ 满足 $0 \leq \varphi(x) \leq 1$，$\sup p\varphi \subset B_2(x_0)$，且在 $B_1(x_0)$ 中有 $\varphi(x) \equiv 1$. 设 $V_\varepsilon = \varphi U_\varepsilon$，则利用非对称性估计[12]，有

$$|\nabla V_\varepsilon|_2^2 = S^{\frac{3}{2}} + o(\varepsilon), |V_\varepsilon|_6^2 = S^{\frac{1}{2}} + o(\varepsilon)$$

对任意的 $s \in [2,6)$ 有

$$|V_\varepsilon|_s^s = \begin{cases} o\left(\varepsilon^{\frac{s}{2}}\right), & s \in [2,3) \\ o\left(\varepsilon^{\frac{s}{2}}|\log \varepsilon|\right), & s = 3 \\ o\left(\varepsilon^{\frac{6-s}{2}}\right), & s \in (3,6) \end{cases}$$

这里 S 表示 $D^{1,2}(R^3) \xrightarrow{\text{嵌入}} L^6(R^3)$ 的最佳嵌入常数,即

$$S := \inf_{u \in D^{1,2}(R^3)} \left\{ \int_{R^3} |\nabla u|^2 \, dx, \int_{R^3} |u|^6 \, dx = 1 \right\}$$

定义 $V_{\max} := \max\limits_{x \in B_{2R}(x_0)} V(x)$ 和 $K_{\min} := \min\limits_{x \in B_{2R}(x_0)} K(x)$

利用 (l_2) 的假定,有

$$l(x_0) \int_{B_{2R}(x_0)} \phi |u|^5 \, dx \leqslant \int_{B_{2R}(x_0)} l(x) |u|^5 \, dx$$

引理 3.2.6 假设 $(V,K) \in \kappa$ 和 $(f_1) \sim (f_3)$ 成立,且 $l(x)$ 满足 $(l_1),(l_2)$,则存在一个 $u_0 \in E \setminus \{0\}$ 使得 $0 < \sup\limits_{t \geqslant 0} J(tu_0) < \dfrac{2}{5} S^{\frac{3}{2}} |l(x)|_{L^\infty(R^3)}^{-\frac{1}{2}}$.

证明 考虑

$$I(tv_\varepsilon) = \frac{t^2}{2} \int_{R^3} \left(|\nabla v_\varepsilon|^2 + V(x) |v_\varepsilon|^2 \right) dx - \frac{t^{10}}{10} \int_{R^3} l(x) \phi_{v_\varepsilon} |v_\varepsilon|^5 \, dx - \eta \int_{R^3} K(x) F(tv_\varepsilon) dx$$

由引理 3.2.3 知存在 $t_\varepsilon > 0$,使得 $\sup\limits_{t \geqslant 0} J(tv_\varepsilon) > 0$,对任意的 $\varepsilon > 0$,

$$\lim_{t \to \infty} J(tv_\varepsilon) = -\infty.$$

假设存在 ρ_1,ρ_2 使得对足够大的 $\varepsilon > 0$ 有 $\rho_1 < t_\varepsilon < \rho_2$,事实上

$J(t_\varepsilon v_\varepsilon) = \sup\limits_{t \geqslant 0} J(tv_\varepsilon)$ 所以 $dJ(tv_\varepsilon)/dt \big|_{t=t_\varepsilon} = 0$,得

$$t_\varepsilon \int_{B_{2R}(x_0)} (|\nabla v_\varepsilon|^2 + V(x)|v_\varepsilon|^2) dx - \eta \int_{B_{2n}(x_0)} K(x) f(t_\varepsilon v_\varepsilon)_\varepsilon dx - t_\varepsilon^{10} \int_{B_{2R}(x_0)} l(x) \phi_{v_\varepsilon} |v_\varepsilon|^5 \, dx = 0$$

(3.53)

现在证明当 $\varepsilon_n \to 0^+$ 时,$t_\varepsilon \to +\infty$ 不成立,由式(3.53)

$$t_{\varepsilon_n} \int_{B_{2R}(x_0)} (|\nabla v_{\varepsilon_n}|^2 + V(x)|v_{\varepsilon_n}|^2) dx \geqslant t_{\varepsilon_n}^{10} \int_{B_{2R}(x_0)} l(x) \phi_{v_\varepsilon} |v_\varepsilon|^5 \, dx$$

所以当 $t_\varepsilon \to +\infty$ 时,这是矛盾的. 类似地,假定当 $\varepsilon_n \to 0^+$ 时,有一个序列 $\tilde{t}_{\varepsilon_n} \to 0$,首先如果 (VK_3) 成立,从 (f_1) 和 (f_2) 知,对所有的 $\delta > 0$ 存在 $C_\delta > 0$ 使得

$$\int_{R^3} K(x)f(\tilde{t}_{\varepsilon_n}v_{\varepsilon_n})v_{\varepsilon_n}\,\mathrm{d}x$$
$$\leq \delta \tilde{t}_{\varepsilon_n}\int_{R^3} K(x)|v_{\varepsilon_n}|^2\,\mathrm{d}x + C_\delta(\tilde{t}_{\varepsilon_n})^5\int_{R^3} K(x)|v_{\varepsilon_n}|^6\,\mathrm{d}x$$
$$\leq \delta C\tilde{t}_{\varepsilon_n}\int_{R^3}(|\nabla v_{\varepsilon_n}|^2+V(x)|v_{\varepsilon_n}|^2)\mathrm{d}x + C_\delta(\tilde{t}_{\varepsilon_n})^5\int_{R^3} K(x)|v_{\varepsilon_n}|^6\,\mathrm{d}x$$

选择 $\delta = \dfrac{1}{2C}$，从式（3.53）能够推断出

$$\frac{\tilde{t}_{\varepsilon_n}}{2}\int_{R^3}(|\nabla v_{\varepsilon_n}|^2+V(x)|v_{\varepsilon_n}|^2)\mathrm{d}x$$
$$\leq C_\delta(\tilde{t}_{\varepsilon_n})^5\int_{R^3} K(x)|v_{\varepsilon_n}|^6\,\mathrm{d}x + (\tilde{t}_{\varepsilon_n})^9\int_{R^3} l(x)\phi_{v_n}|v_{\varepsilon_n}|^5\,\mathrm{d}x$$

下面假定 (VK_4) 成立，利用 $(f_1),(f_2)$ 存在一个常数 $\bar{C}>0$ 使得

$$\int_{R^3} K(x)f(\tilde{t}_{\varepsilon_n}v_{\varepsilon_n})\mathrm{d}x$$
$$\leq (\tilde{t}_{\varepsilon_n})^{p_0-1}\int_{R^3} K(x)|v_{\varepsilon_n}|^{p_0}\,\mathrm{d}x + \bar{C}(\tilde{t}_{\varepsilon_n})^5\int_{R^3} K(x)|v_{\varepsilon_n}|^6\,\mathrm{d}x$$

再次利用式（3.53）得

$$\tilde{t}_{\varepsilon_n}\int_{R^3}(|\nabla v_{\varepsilon_n}|^2+V(x)|v_{\varepsilon_n}|^2)\mathrm{d}x$$
$$\leq (\tilde{t}_{\varepsilon_n})^{p_0-1}\int_{R^3} K(x)|v_{\varepsilon_n}|^{p_0}\,\mathrm{d}x + \bar{C}(\tilde{t}_{\varepsilon_n})^5\int_{R^3} K(x)|v_{\varepsilon_n}|^6\,\mathrm{d}x + (\tilde{t}_{\varepsilon_n})^9\int_{R^3} l(x)\phi_{v_{\varepsilon_n}}|v_{\varepsilon_n}|^5\,\mathrm{d}x$$

因为 $p_0>2$，这样得到了一个矛盾. 另一方面，因为 $0<\rho_1<t_\varepsilon<\rho_2<\infty$，联合 $V_{\max}$ 和 $K_{\min}$ 的定义，有

$$J(tv_\varepsilon) = \frac{t^2}{2}\int_{R^3}(|\nabla v_\varepsilon|^2+V(x)|v_\varepsilon|^2)\mathrm{d}x - \frac{t^{10}}{10}\int_{R^3} l(x)\phi_{v_\varepsilon}|v_\varepsilon|^5\,\mathrm{d}x - \eta\int_{R^3} K(x)F(tv_\varepsilon)\mathrm{d}x$$
$$\leq \frac{t_\varepsilon^2}{2}\int_{R^3}(|\nabla v_\varepsilon|^2+V(x)|v_\varepsilon|^2)\mathrm{d}x - \frac{t_\varepsilon^{10}}{10}\int_{R^3} l(x)\phi_{v_\varepsilon}|v_\varepsilon|^5\,\mathrm{d}x - \eta\int_{R^3} K(x)F(t_\varepsilon v_\varepsilon)\mathrm{d}x$$
$$\leq \frac{t_\varepsilon^2}{2}\int_{R^3}|\nabla v_\varepsilon|^2\mathrm{d}x + \frac{t_\varepsilon}{2}V_{\max}(x)\int_{R^3}|v_\varepsilon|^2\mathrm{d}x - \frac{t_\varepsilon^{10}}{10}\int_{R^3} l(x)\phi_{v_\varepsilon}|v_\varepsilon|^5\,\mathrm{d}x$$
$$-\eta K_{\min}(x)\int_{R^3} F(t_\varepsilon v_\varepsilon)\mathrm{d}x$$

定义

$$h(t):=\frac{t^2}{2}\int_{R^3}|\nabla v_\varepsilon|^2\mathrm{d}x - \frac{t^{10}}{10}\int_{R^3} l(x)\phi_{v_\varepsilon}|v_\varepsilon|^5\,\mathrm{d}x$$

通过简单的计算，得

$$\max_{t\geq 0} h(t) = \frac{4\left(\frac{1}{2}\int_{R^3}|\nabla v_\varepsilon|^2 dx\right)^{\frac{5}{4}}}{5\left(\frac{1}{2}\int_{R^3}l(x)\phi_{v_\varepsilon}|v_\varepsilon|^5 dx\right)^{\frac{1}{4}}}$$

$$= \frac{2\left(\int_{R^3}|\nabla v_\varepsilon|^2 dx\right)^{\frac{3}{4}}}{5\left(\int_{R^3}l(x)\phi_{v_\varepsilon}|v_\varepsilon|^5 dx\right)^{\frac{1}{4}}}$$

由泊松项 $-\Delta\phi_{v_\varepsilon}=|v_\varepsilon|^5$ 和柯西不等式得

$$\int_{R^3}|v_\varepsilon|^6 dx = \int_{R^3}\nabla\phi_{v_\varepsilon}\nabla|v_\varepsilon| dx$$

$$\leq \frac{1}{2|l(x)|_\infty}\int_{R^3}|\nabla\phi_{v_\varepsilon}|^2 dx + \frac{|l(x)|_\infty}{2}\int_{R^3}|\nabla v_\varepsilon|^2 dx$$

$$= \frac{1}{2|l(x)|_\infty}\int_{R^3}\phi_{v_\varepsilon}|v_\varepsilon|^5 dx + \frac{|l(x)|_\infty}{2}\int_{R^3}|\nabla v_\varepsilon|^2 dx$$

这蕴含着下式成立

$$\int_{R^3}l(x)\phi_{v_\varepsilon}|v_\varepsilon|^5 dx \geq 2|l(x)|_\infty\int_{R^3}l(x)|v_\varepsilon|^6 dx - |l(x)|_\infty^2\int_{R^3}|\nabla v_\varepsilon|^2 dx$$

$$= |l(x)|_\infty^2 S^{\frac{3}{2}} + O(\varepsilon)$$

作为上述结论的一个结果，有

$$\max_{t\geq 0} h(t) \leq \frac{2}{5}\frac{\left(S^{\frac{2}{5}}+O(\varepsilon)\right)^{\frac{5}{4}}}{|l(x)|_\infty S^{\frac{3}{2}} + O(\varepsilon)}$$

$$= \frac{2}{5}|l(x)|_\infty S^{\frac{3}{2}} + O(\varepsilon)$$

另一方面，从 (f_3) 得到对任意的 $s>0, F(s)\geq Cs^\theta$ 都有

第 3 章 分数阶基尔霍夫方程多解的存在性及集中性带有深井位势函数研究

$$\int_{B_{2R}(x_0)} F(t_\varepsilon v_\varepsilon) \mathrm{d}x \geqslant C \int_{B_{2R}(x_0)} (t_\varepsilon v_\varepsilon)^\theta \mathrm{d}x$$

$$\geqslant C\rho_1^\theta \int_{B_R(x_0)} (v_\varepsilon)^\theta \mathrm{d}x = \begin{cases} C\rho_1^\theta O\left(\varepsilon^{\frac{\theta+1}{2}}\right), \theta \in [1,2) \\ C\rho_1^\theta O\left(\varepsilon^{\frac{3}{2}} |\log \varepsilon|\right), \theta = 2 \\ C\rho_1^\theta O\left(\varepsilon^{\frac{5-\theta}{2}}\right), (2,5) \end{cases} \quad (3.54)$$

前面证明了 $\max_{t \geqslant 0} J(tv_\varepsilon) = J(t_\varepsilon v_\varepsilon)$，即

$$\max_{t \geqslant 0} J(tv_\varepsilon) = \frac{t_\varepsilon^2}{2} \int_{R^3} (|\nabla v_\varepsilon|^2 + V(x)|v_\varepsilon|^2) \mathrm{d}x - \frac{t_\varepsilon^{10}}{10} \int_{R^3} l(x) \phi_{v_\varepsilon} |v_\varepsilon|^5 \mathrm{d}x - \eta \int_{R^3} K(x) F(tv_\varepsilon) \mathrm{d}x$$

$$\leqslant h(t_\varepsilon) + \frac{V_{\max}}{2} \int_{R^3} |v_\varepsilon|^2 \mathrm{d}x - \eta \int_{R^3} K(x) F(tv_\varepsilon) \mathrm{d}x$$

$$\leqslant \frac{2}{5} |l(x)|_\infty S^{\frac{1}{2}} + CO(\varepsilon) - \eta \int_{R^3} K(x) F(lv_\varepsilon) \mathrm{d}x$$

用式（3.54），有

$$\left| CO(\varepsilon) - \eta \int_{R^3} K(x) F(tv_\varepsilon) \mathrm{d}x \right| \leqslant CO(\varepsilon) - \begin{cases} C\rho_1^\theta O\left(\varepsilon^{\frac{\theta+1}{2}}\right), \theta \in [1,2) \\ C\rho_1^\theta O\left(\varepsilon^{\frac{3}{2}} |\log \varepsilon|\right), \theta = 2 \\ C\rho_1^\theta O\left(\varepsilon^{\frac{5-\theta}{2}}\right), (2,5) \end{cases}$$

如果 $\theta \in (1,2)$ 和 $\eta = \varepsilon^{-\frac{1}{2}}$ 则 $\frac{1}{2} < \frac{\theta+1}{2} - \frac{1}{2} < 1$，所以对足够小的 $\varepsilon > 0$

$$CO(\varepsilon) - \eta \int_{R^3} K(x) F(tv_\varepsilon) \mathrm{d}x \leqslant CO(\varepsilon) - C\rho_1^\theta \varepsilon^{-\frac{1}{2}} O\left(\varepsilon^{\frac{9+1}{2}}\right) < 0$$

当 $\eta > 0$ 足够大时，上式成立.

如果 $\theta = 2$ 和 $\eta = \varepsilon^{-\frac{1}{2}}$，则对足够小的 $\varepsilon > 0$，

$$CO(\varepsilon) - \eta \int_{R^3} K(x) F(tv_\varepsilon) \mathrm{d}x \leqslant CO(\varepsilon) - C\rho_1^\theta \varepsilon^{-\frac{1}{2}} O\left(\varepsilon^{\frac{3}{2}} |\log \varepsilon|\right) < 0$$

当 $\eta > 0$ 足够大时，上式成立.

如果 $\theta \in (2,3]$ 和 $\eta = \varepsilon^{-\frac{1}{2}}$，则 $\frac{1}{2} \leqslant \frac{5-\theta}{2} - \frac{1}{2} < 1$ 所以对足够小的 $\varepsilon > 0$

$$CO(\varepsilon) - \eta \int_{R^3} K(x) F(tv_\varepsilon) \mathrm{d}x \leqslant CO(\varepsilon) - C\rho_1^\theta \varepsilon^{-\frac{1}{2}} O\left(\varepsilon^{\frac{5-\theta}{2}}\right) < 0$$

当 $\eta > 0$ 足够大时，上式成立.

如果 $\theta \in (3,5)$ 和 $\eta = \varepsilon^{-\frac{1}{2}}$，则 $0 \leqslant \frac{5-\theta}{2} < 1$，所以对足够小的 $\varepsilon > 0$

$$CO(\varepsilon) - \eta \int_{R^3} K(x) F(tv_\varepsilon) \mathrm{d}x \leqslant CO(\varepsilon) - C\rho_1^\theta O\left(\varepsilon^{\frac{5-\theta}{2}}\right) < 0$$

当 $\eta > 0$ 足够大时，上式成立.

接下来用同样的方法可以得到对任意的 $\theta \in (3,5)$ 和任意的 $\eta > 0$ 或者对任意的 $\theta \in [1,3]$ 和足够大的 $\eta > 0$

$$CO(\varepsilon) - \eta \int_{R^3} K(x) F(tv_\varepsilon) \mathrm{d}x < 0$$

因此得

$$\sup_{t \geqslant 0} J(tv_\varepsilon) < \frac{2}{5} S^{\frac{3}{2}} |l(x)|_{L^\infty(R^3)}^{-\frac{1}{2}}$$

3.2.2 定理 3.2.1 和定理 3.2.2 的证明

证明 从引理 3.2.5 知 $\{u_n\}$ 在 E 中有界. 选取一个子序列仍记为 $\{u_n\}$ 有

$$\begin{cases} u_n \xrightarrow{\text{弱}} u, \text{在} E \text{中} \\ u_n \to u, \text{在} L_{\text{loc}}^r(R^3) \text{中}, \forall r \in [2,6) \\ u_n \to u, \text{a,e} \text{在} R^3 \text{中} \end{cases} \quad (3.55)$$

利用式（3.46）~（3.49），得

$$J(u_n) = \frac{1}{2} \int_{R^3} (|\nabla u_n|^2 + V(x)|uu_n|^2) \mathrm{d}x - \eta \int_{R^3} K(x) F(u_n) \mathrm{d}x - \frac{1}{10} \int_{R^3} l(x) \phi_{u_n} |u_n|^5 \mathrm{d}x$$
$$= C + o(1)$$

第3章 分数阶基尔霍夫方程多解的存在性及集中性带有深井位势函数研究

且有

$$\langle J'(u_n), u_n \rangle = \int_{R^3} (|\nabla u_n|^2 + V(x)|u_n|^2) dx - \eta \int_{R^3} K(x) F(u_n) dx - \int_{R^3} l(x)\phi_{u_n} |u_n|^5 dx$$
$$= o(1)$$

假如 $v_n = u_n - u$，由命题 3.2.2 与式（3.55），引理 3.2.2 和 Brèzis-Lieb（见文献[39,40]）

$$J(u_n) = J(u) + \frac{1}{2}\int_{R^3}(|\nabla v_n|^2 + V(x)|v_n|^2)dx - \frac{1}{10}\int_{R^3} l(x)\phi_{v_n} |v_n|^5 dx \quad (3.56)$$

$$\langle J'(u_n), u_n \rangle = \int_{R^3}(|\nabla u_n|^2 + V(x)|u_n|^2)dx - \eta\int_{R^3}K(x)f(u_n)u_n dx - \int_{R^3}l(x)\phi_{u_n}|u_n|dx$$
$$= \int_{R^3}(|\nabla u|^2 + V(x)|u|^2)dx - \eta\int_{R^3}K(x)f(u)u dx - \int_{R^3}l(x)\phi_u |u|dx +$$
$$\int_{R^3}(|\nabla v_n|^2 + V(x)|v_n|^2)dx - \int_{R^3}l(x)\phi_{v_n}|v_n|dx + o_n(1) \quad (3.57)$$

因为 $J'(u_n) \to 0$，当 $n \to +\infty$ 时，再次利用式（3.54），得

$$\langle J'(u_n), u \rangle = \int_{R^3}(|\nabla u|^2 + V(x)|u|^2)dx - \eta\int_{R^3}K(x)f(u)u dx - \int_{R^3}l(x)\phi_u |u|dx \quad (3.58)$$

由式（3.57）和式（3.58），得

$$\int_{R^3}(|\nabla v_n|^2 + V(x)|v_n|^2)dx - \int_{R^3}l(x)\phi_{v_n}|v_n|dx \to 0, n \to +\infty \quad (3.59)$$

$$J(u) = \frac{1}{2}\int_{R^3}(|\nabla u|^2 + V(x)|u|^2)dx - \eta\int_{R^3}K(x)F(u)dx - \frac{1}{10}\int_{R^3}l(x)\phi_u|u|^5 dx$$
$$= \frac{1}{2}\eta\int_{R^3}K(x)f(u)u dx - \eta\int_{R^3}K(x)F(u)dx - \frac{2}{5}\int_{R^3}l(x)\phi_u|u|^5 dx$$
$$\geq 0 \quad (3.60)$$

不失一般性，假设

$$\int_{R^3}(|\nabla v_n|^2 + V(x)|v_n|^2)dx \to l, n \to \infty \quad (3.61)$$

由（3.59），得

$$\int_{R^3}l(x)\phi_{v_n}|v_n|^5 dx \to l, n \to \infty \quad (3.62)$$

利用估计得

$$\int_{R^3} l(x)\phi_{v_n} |v_n|^5 \,dx \leq |l(x)|_\infty^2 |v_n|_6^{10}$$
$$\leq \frac{|l(x)|_\infty^2 \|v_n\|^{10}}{S^6}$$

联合式（3.59）~（3.62），蕴含着 $l \leq \frac{|l(x)|_\infty^2 l^5}{S^6}$，所以得到要么 $l=0$，则 $l \geq |l(x)|_\infty^{-\frac{1}{2}} S^{\frac{3}{2}}$.

如果 $l>0$，有 $l \geq |l(x)|_\infty^{-\frac{1}{2}} S^{\frac{3}{2}}$. 在式（3.55）中取极限当 $n \to +\infty$，利用式（3.60），有

$$C_0 \geq \frac{2}{5} |l(x)|_\infty^{-\frac{1}{2}} S^{\frac{3}{2}}$$

另一方面，从（3.52）和引理 3.2.6，得 $C_0 \leq \frac{2}{5} |l(x)|_\infty^{-\frac{1}{2}} S^{\frac{3}{2}}$

得到了一个矛盾，这样展示了 $l=0$，因此有 $J(u)=C>0, J'(u)=0$，这里 u 几乎处处是问题（3.42）的一个非平凡的解.

证毕.

第 4 章

两类椭圆方程解的渐进性以及集中性的研究

4.1 具有 Choquard 型拟线性方程解的渐进性研究

本章主要考虑下面拟线性肖卡尔（Choquard）型具奇异项薛定谔方程解的渐进性.

$$\begin{cases} -\Delta u + V(x)u - u\Delta u^2 + \lambda(I_\alpha * |u|^p)|u|^{p-2}u = K(x)u^{-\gamma}, x \in R^N \\ u > 0, x \in R^N \end{cases} \quad (4.1)$$

式中，I_α 是 Riez 能，$0 < \alpha < N, \dfrac{N+\alpha}{N} < p < \dfrac{N+\alpha}{N-2}$ 且 $\lambda > 0$. 在对 V, K 适当的条件假设下研究了式（4.1）的解的存在情况. 而且得到了在 $\lambda \to 0$ 时解的渐进性.

4.1.1 问题研究的基本现状

拟线性薛定谔方程来自下面形式

$$i\partial_t z = -\Delta z + V(x)z - f(|z|^2)z - \Delta h(|z|^2)h'(|z|^2)z \quad (4.2)$$

式（4.2）可用来描述数个物理现象. 式中 $V = V(x), x \in R^N$ 是给定的能量函数. 由式（4.2）的形式设 $h(s) = s$，能得到式（4.3）

$$i\partial_t z = -\Delta z + V(x)z - f(|z|^2)z - (\Delta|z|^2)z \quad (4.3)$$

式（4.3）被 Kurihara 称作等离子物理中的超流膜方程[1].

如果 $h(s) = (1+s)^{\frac{1}{2}}$，式（4.2）模拟了高功率超短激光在物质中的自通道[2-6]. 式（4.2）也出现在等离子体物理学和流体力学[7,8]、海森堡铁磁体和磁振子理论[9]、耗散量子力学和凝聚态理论[10,11]. 更多相关信息，请参考文献[12,13]. 近年来，对拟线性薛定谔方程式（4.3）的研究一直是一个重要的课题，数学家已经建立了几种处理式（4.3）的方法，如对偶方法、微扰方法和 Nehari 方法[14-29]. 然而，具有 Choquard 型非线性的系统（4.1）仅在文献[30,31]中进行了研究.

值得注意的是，研究奇异拟线性方程的文献很少，仅由 J. Marcosdoó 和 A. Moameni 建立了奇异拟线性薛定谔方程[32].

第4章 两类椭圆方程解的渐进性以及集中性的研究

$$-\Delta u - \frac{1}{2}\Delta(u^2)u = \lambda u^3 - u - u^{-\alpha}, u > 0, x \in \Omega$$

式中，Ω 是 $R^N(N \geq 2)$ 中以原点为中心的球，$0 < \alpha < 1$。

此外，他们研究了关于当 λ 属于的第一特征值 λ_1 的某个邻域时的隐函数定理特征值问题，存在利用 Nehari 流形和一些技术得到径向对称正解。

$$-\Delta u - \frac{1}{2}\Delta(u^2)u = \lambda u^3$$

在文献[33]中，作者研究了式（4.4）所示的 Choquard 型的拟线性薛定谔方程基态解的存在性。

$$-\Delta u + V(x)u - \Delta(u^2)u = (I_\alpha * |u|^p)|u|^{p-2}u, x \in R^N \qquad (4.4)$$

式中，I_α 是 Riez 能，$N \geq 3, 0 < \alpha < N, \frac{2(N+\alpha)}{N} < p < \frac{2(N+\alpha)}{N-2}, V: R^N \to R$ 是径向能。

目前，具有奇异性的拟线性 Choquard 方程，在存在积极解决方案方面进展甚微。在本书建立了具有奇异性的问题（4.1）正解的存在性。首先，非线性问题（4.1）是非局部的，并且获得正解的存在性要困难得多。其次本书研究了有卷积和无卷积的拟线性 Choquard 方程之间的关系，这使本书的研究更加有趣。最后，本书得到了解的渐近性态作为 $\lambda \to 0$。

在陈述本章的主要结果之前，假设函数 $V(x)$ 和 $K(x)$ 满足以下条件假设：

(V_1) $V \in C(R^N)$ 满足 $\inf_{x \in R^N} V(x) > V_0 > 0$，$V_0$ 是一个常数。

(V_2) meas $\{x \in R^N : -\infty < V(x) \leq \mu\} < +\infty$ 对所有 $\mu \in R$ 成立。

(K_1) $K \in L^{\frac{2 \cdot 2^*}{22^* - 1 + r}}(R^N)$ 是非负函数。

定理 4.1.1 如果 $\gamma \in (0,1)$，$0 < \alpha < N, \frac{N+\alpha}{N} < p < \frac{N+\alpha}{N-2}$ 和 (V_1),(V_2),(K_1) 成立，则式（4.1）在 E 中获得唯一解。

定理 4.1.2 如果 $\gamma \in (0,1)$ $0 < \alpha < N, \frac{N+\alpha}{N} < p < \frac{N+\alpha}{N-2}$ 和 (V_1),(V_2),(K_1) 成立对任意序列 $\{\lambda_n\} > 0$ 且当 $n \to \infty$ 时 $\{\lambda_n\} \to 0$。设 w_n 是定理 4.1.1 相应的解满足 $\lambda_n = \lambda$，则在 E 中 $w_{\lambda_n} \to w_0$，w_0 是下面问题的唯一正解

$$-\Delta u + V(x)u - u\Delta u^2 = K(x)u^{-\gamma} \quad\quad (4.5)$$

4.1.2 变分环境和准备

为了证明上一节的两个定理,给出下面的一些基本的符号和准备.

注意到不能直接用变分方法来研究式(4.1),因为相应的泛函

$$I(u) = \frac{1}{2}\int_{R^N}(1+2u^2)|\nabla u|^2\,\mathrm{d}x + \frac{1}{2}\int_{R^N}V(x)u^2\mathrm{d}x + \frac{\lambda}{2p}\int_{R^N}I_\alpha*|u|^p|u|^{p-1}u\mathrm{d}x -$$
$$\frac{1}{1-\gamma}\int_{R^N}K(x)u^{1-\gamma}\mathrm{d}x \quad\quad (4.6)$$

不能够很好地定义. 可以进行变换,取 $w = f^{-1}(u)$,f 在 $[0,+\infty)$ 上在有如下的定义: $f'(t) = \dfrac{1}{\sqrt{1+2f^2(t)}}$ 且在 $(0,+\infty]$ 上有 $f(t) = f(-t)$.

作变换 $u = f(w)$,重写式(4.6):

$$J_\lambda(w) = \frac{1}{2}\int_{R^N}(|\nabla w|^2 + V(x)f^2(w))\mathrm{d}x + \frac{\lambda}{2p}\int_{R^N}I_\alpha*|f(w)|^p|f(w)|^{p-1}f(w)\mathrm{d}x -$$
$$\frac{1}{1-\gamma}\int_{R^N}K(x)|f(w)|^{1-\gamma}\,\mathrm{d}x \quad\quad (4.7)$$

易证明泛函 $J_\lambda(w)$ 在 E 中是 C^1 的[34]. 而且,泛函 J_λ 的临界点是下面的方程的解

$$\int_{R^x}(|\nabla w\nabla\varphi| + V(x)f(w)f'(w)\varphi)\mathrm{d}x + \lambda\int_{R^x}(I_\alpha*|f(w)|^p|f(w)|^{p-1}f'(w)\varphi)\mathrm{d}x -$$
$$\int_{R^x}(K(x)f^{-1}(w)f'(w)\varphi)\mathrm{d}x = 0$$

对任意的 $w \in E$,设

$$E = \left\{w \in H^1(R^N) \mid \int_{R^N}V(x)f^2(w)\mathrm{d}x < \infty\right\}$$

希尔伯特空间相应的内积和范数如下定义

$$\|w\|_E := \sqrt{\langle w,w\rangle} = \left[\int_{R^N}(|\nabla w|^2 + V(x)w^2)\mathrm{d}x\right]^{\frac{1}{2}}$$

式中,$\|\cdot\|_p$ 表示 L^p 范数,其中 $1 \leqslant p \leqslant +\infty$.

容易证明式（4.1）的解是下面能量泛函的临界点

$$J_\lambda(w) = \frac{1}{2}\int_{R^N}(|\nabla w|^2 + V(x)f^2(w))\mathrm{d}x + \frac{\lambda}{2p}\int_{R^N} I_\alpha * |f(w)|^p |f(w)|^{p-1} f(w)\mathrm{d}x -$$
$$\frac{1}{1-\gamma}\int_{R^N} K(x)|f(w)|^{1-\gamma}\mathrm{d}x \tag{4.8}$$

引理 4.1.1 [35]　函数 f 有下面的性质：

（1）$f \in C^\infty$ 是唯一的函数且是可逆的.

（2）对所有的 $s \in R$ 有 $|f'(s)| \leqslant 1$ 和 $|f(s)| \leqslant |s|$.

（3）当 $s \to 0$ 时，$\dfrac{f(s)}{s} \to 1$.

（4）当 $s \to \infty$ 时，$\dfrac{f(s)}{\sqrt{s}} \to 2^{\frac{1}{4}}$.

（5）对所有的 $s \geqslant 0$，$\dfrac{f(s)}{2} \leqslant sf'(s) \leqslant f(s)$.

（6）对所有的 $s \in R$，$|f(s)| \leqslant 2^{\frac{1}{4}}|s|^{\frac{1}{2}}$.

（7）函数 $f^2(s)$ 是严格凸.

（8）存在一个正常数 C 适当 $|f(s)| \geqslant \begin{cases} C|s|, & |s| \leqslant 1 \\ C|s|^{\frac{1}{2}}, & |s| \geqslant 1 \end{cases}$.

（9）对每一个 $\lambda > 1$，对所有的 $s \in R$ 有 $f^2(\lambda s) \leqslant \lambda f^2(s)$.

（10）对 $s > 0$ 和 $0 < q < 1$ 函数 $f^{-q}(s)f'(s)$ 是严格单调递增的.

（11）对 $s > 0$ 和 $q \geqslant 3$ 函数 $f^{-q}(s)f'(s)s^{-1}$ 是严格单调递增的.

4.1.3　定理 4.1.1 的证明

引理 4.1.2　假如满足条件 $(V_1),(V_2),(K_1)$，则式（4.1）在 E 中有全局最小值.换句话来说存在 $w_0 \in E$，使得 $J_\lambda(w_0) = m_\lambda = \inf_E J_\lambda < 0$.

证明　由索伯列夫不等式和霍尔德不得式以及引理 4.1.1(6) 得

$$\int_{R^N} K(x)|f(w)|^{1-\gamma}\mathrm{d}x \leqslant C\|K\|_{\frac{22^*}{22^*-1+\gamma}} \|w\|^{\frac{1-\gamma}{2}} \tag{4.9}$$

对任意得 $w \in E$，$\lambda > 0$ 和 $0 < \gamma < 1$ 利用式（4.8）和式（4.9），有

$$J_\lambda(w) = \frac{1}{2}\int_{R^N}(|\nabla w|^2 + V(x)f^2(w))dx + \frac{\lambda}{2p}\int_{R^N} I_\alpha * |f(w)|^p |f(w)|^{p-1}f(w)dx -$$

$$\frac{1}{1-\gamma}\int_{R^N} K(x)|f(w)|^{1-\gamma} dx$$

$$\geq \frac{1}{2}\int_{R^N}(|\nabla w|^2 + V(x)f^2(w))dx - \frac{1}{1-\gamma}\int_{R^N} K(x)|f(w)|^{1-\gamma} dx$$

$$\geq \frac{1}{2}\int_{R^N}(|\nabla w|^2 + V(x)f^2(w))dx - \frac{C}{1-\gamma}\|K\|_{\frac{2 \cdot 2^*}{2 \cdot 2^* - 1 + \gamma}} \|w\|^{\frac{1-\gamma}{2}} \quad (4.10)$$

因为 $\gamma \in (0,1)$，所以对任意得 $\lambda > 0$，J_λ 在 E 中是强制的并且下有界的。因此 $m_\lambda := \inf_E J_\lambda$ 是可达的。

对 $t > 0$ 和给定的 $w \in E \setminus \{0\}$，由引理 4.1.1（A_3），有

$$J_\lambda(tw) = t^2\int_{R^N}(|\nabla w|^2 + V(x)f^2(tw))dx + \frac{\lambda}{2p}\int_{R^N} I_\alpha * |f(tw)|^p |f(tw)|^p dx -$$

$$\frac{1}{1-\gamma}\int_{R^N} K(x)|f(tw)|^{1-\gamma} dx$$

$$\leq \frac{t^2}{2}\int_{R^N}(|\nabla w|^2 + V(x)w^2)dx + \frac{\lambda t^{2p}}{2p}\int_{R^N}(I_\alpha * |w|^p)|w|^p dx -$$

$$\frac{1}{1-\gamma} f^{1-\gamma}(t)\int_{R^N} K(x)|w|^{1-\gamma} dx \quad (4.11)$$

令

$$g(t) = \frac{t^2}{2}\int_{R^N}(|\nabla w|^2 + V(x)w^2)dx + \frac{\lambda t^{2p}}{2p}\int_{R^N}(I_\alpha * |w|^p)|w|^p dx -$$

$$\frac{1}{1-\gamma} f^{1-\gamma}(t)\int_{R^N} K(x)|w|^{1-\gamma} dx$$

$$\lim_{t \to 0^+} \frac{g(t)}{t^{1-\gamma}} = \lim_{t \to 0^+}\left\{t^{(1+\gamma)}\int_{R^N}(|\nabla w|^2 + V(x)w^2)dx + \frac{\lambda t^{2p-1+\gamma}}{2p}\int_{R^N}(I_\alpha * |w|^p)|w|^p dx\right\} -$$

$$\frac{1}{1-\gamma}\lim_{t \to 0^+}\frac{f^{1-\gamma}(t)}{t^{1-\gamma}}\int_{R^N} K(x)|w|^{1-\gamma} dx$$

所以对所有的 w 不恒等于 0 和 $t > 0$，由式（4.11）得 $J_\lambda(tw) < 0$，并且存在极小序列

$\{w_n\} \subset E$ 使得 $\lim_{n \to \infty} J_\lambda(w_n) = m_\lambda < 0$

因为 $J_\lambda(|w_n|) = J_\lambda(w_n)$，所以可以假定 $w_n \geq 0$。由 J_λ 在 E 上强制性知 $\{w_n\}$ 在 E 中有界。不失一般性，取一子列不妨设仍为 w_n。假定在 E 中 $w_n \xrightarrow{弱} w$，在 $L^p(R^N), p \in [2, 2^*]$ 中 $w_n \to w_0$，在 R^N 中 $w_n \to w, a.e$ 成立，因为 $0 < \gamma < 1, K \in L^{\frac{2^*}{2^*-1+\gamma}}(R^N)$ 是非负的，由霍尔德不等式，类似于式（4.9），有

$$\lim_{n \to \infty} \int_{R^N} K(x) f^{1-\gamma}(w_n) dx = \int_{R^N} K(x) f^{1-\gamma}(w_0) dx \tag{4.12}$$

由范数的若下半连续性，以及文献[36]中引理 2.4 和式（4.12），得

$$J_\lambda(w_0) = \frac{1}{2} \int_{R^N} (|\nabla w_0|^2 + V(x) f^2(w_0)) dx + \frac{\lambda}{2p} \int_{R^N} I_\alpha * |f(w_0)|^p |f(w_0)|^{p-1} f(w_0) dx -$$
$$\frac{1}{1-\gamma} \int_{R^N} K(x) |f(w_0)|^{1-\gamma} dx$$
$$\leq \left[\frac{1}{2} \int_{R^N} (|\nabla w_n|^2 + V(x) f^2(w_n)) dx + \frac{\lambda}{2p} \int_{R^N} I_\alpha * |f(w_n)|^p |f(w_n)|^{p-1} f(w_n) dx \right] -$$
$$\frac{1}{1-\gamma} \int_{R^N} K(x) |f(w_n)|^{1-\gamma} dx$$
$$= \liminf_{n \to \infty} J_\lambda(w_n) = m_\lambda$$

另外，$J_\lambda(w_0) = m_\lambda < 0$。

证毕。

定理 4.1.1 的证明分为三部分：

（1）证明对任意的 $0 \leq \varphi \in E$ 式（4.13）成立

$$\int_{R^N} (|\nabla w_0 \nabla \varphi| + V(x) f(w_0) f'(w_0) \varphi) dx + \lambda \int_{R^N} (I_\alpha * |f(w_0)|^p |f(w_0)|^{p-1}) f'(w_0) \varphi dx -$$
$$\int_{R^N} (K(x) f^{-\gamma}(w_0) f'(w_0) \varphi) dx \geq 0 \tag{4.13}$$

依据引理 4.1.2，w_0 在 E 中有界 $w_0 \geq 0$ 且 w_0 不恒等于 0。对 $0 \leq \varphi \in E$ 和 $\delta > 0$，有

$$0 \leq J_\lambda(w_0 + \delta\varphi) - J_\lambda(w_0)$$
$$= \frac{1}{2} \int_{R^N} \left(|\nabla w_0 + \delta\varphi|^2 - \frac{1}{2} \|w_0\| + V(x) |f(w_0 + \delta\varphi)|^2 \right) dx - \frac{1}{2} \int_{R^N} f(w_0)^2 dx +$$

$$\lambda\int_{R^N}I_\alpha*|f(w_0+\delta\varphi)|^p|f(w_0+\delta\varphi)|^p\,dx-\lambda\int_{R^N}I_\alpha*|f(w_0)|^p|f(w_0)|^{p-1}f(w_0)dx-$$
$$\frac{1}{1-\gamma}\int_{R^N}(K(x)|f(w_n+\delta\varphi)|^{1-\gamma}-K(x)f^{1-\gamma}(w_0))dx \tag{4.14}$$

因为 $\gamma\in(0,1)$ 和 $K(x)$ 是非负的. 式（4.14）除以 $\delta>0$，且取极限 $\delta\to 0^+$，利用法图引理，得

$$\frac{1}{1-\gamma}\liminf_{\delta\to 0^+}\int_{R^N}\left(\frac{f^{1-\gamma}(w_0+\delta\varphi)-f^{1-\gamma}(w_0)}{\delta}\right)dx \leqslant \int_{R^N}(\nabla w_0\nabla\varphi+$$
$$V(x)f(w_0)f'(w_0)\varphi)dx+\lambda\int_{R^N}(I_\alpha*|f(w_0)|^p)|f(w_0)|^{p-1}f'(w_0)\varphi)dx \tag{4.15}$$

因为

$$\int_{R^N}K(x)\frac{f^{1-\gamma}(w_0+\delta\varphi)-f^{1-\gamma}(w_0)}{\delta}dx\leqslant(1-\gamma)\int_{R^N}K(x)f^{-\gamma}(w_0+\delta\varphi)f'(w_0+\delta\varphi)\varphi dx$$

由 Beppolevi 单调收敛定理和引理 4.1.1（A_{10}），有

$$\frac{1}{1-\gamma}\liminf_{\delta\to 0^+}\int_{R^N}K(x)\frac{f^{1-\gamma}(w_0+\delta\varphi)-f^{1-\gamma}(w_0)}{\delta}dx$$
$$\leqslant(1-\gamma)\int_{R^N}K(x)f^{-\gamma}(w_0+\delta\theta\varphi)f'(w_0+\theta\delta\varphi)dx \tag{4.16}$$

（2）验证在 R^N 中 $w_0>0$ 且 w_0 是问题（1.1）的一个解. 给定 $\varepsilon>0$，定义 $g:[-\varepsilon,\varepsilon]\to R$ 由 $g(t)=J_\lambda(w_0+tw_0)$. 则由引理 4.1.2 能够得到 g 可达极小值在 $t=0$ 处，这蕴含着

$$g'(0)=\int_{R^N}(|\nabla w_0|^2+V(x)f(w_0)^2)dx+\lambda\int_{R^N}(I_\alpha*|f(w_0)|^p)|f(w_0)|^p\,dx-$$
$$\int_{R^N}K(x)|f(w_0)|^{1-\gamma}dx=0 \tag{4.17}$$

对任意的 $v\in E$ 和 $\varepsilon>0$，设 $\varphi_\varepsilon=(w_0+\varepsilon v)^+$ 和 $\Omega_\varepsilon=\{x\in R^n:\varphi_\varepsilon\leqslant 0\}$. 则利用（4.16）和式（4.17）且 $\varphi=\varphi_\varepsilon$，得

$$0\leqslant\int_{R^N}\nabla w_0\nabla\varphi+V(x)f(w_0)f'(w_0)\varphi+\lambda\int_{R^N}(I_\alpha*|f(w_0)|^p)|f(w_0)|^{p-1}f'(w_0)\varphi-$$
$$\int_{R^N}K(x)f^{-\gamma}(w_0)f'(w_0)\varphi$$

$$= \left[\int_{R^N}\int_{\Omega_\varepsilon}\right]\nabla w_0\nabla(w_0+\varepsilon v)+V(x)f(w_0)f'(w_0)(w_0+\varepsilon v)+$$

$$\lambda\left[\int_{R^N}\int_{\Omega_\varepsilon}\right](I_\alpha*|f(w_0)|^p)|f(w_0)|^{p-1}f'(w_0)(w_0+\varepsilon v)-$$

$$\left[\int_{R^N}\int_{\Omega_\varepsilon}\right]K(x)f^{-\gamma}(w_0)f'(w_0)(w_0+\varepsilon v)$$

$$=\varepsilon\int_{R^N}\nabla w_0\nabla\varphi+V(x)f(w_0)f'(w_0)v+\lambda\int_{R^N}(I_\alpha*|f(w_0)|^p)|f(w_0)|^{p-1}f'(w_0)v-$$

$$\int_{R^N}K(x)f^{-\gamma}(w_0)f'(w_0)v-\int_{\Omega_\varepsilon}\nabla w_0\nabla(w_0+\varepsilon v)+V(x)f(w_0)f'(w_0)(w_0+\varepsilon v)-$$

$$\lambda\int_{\Omega_\varepsilon}(I_\alpha*|f(w_0)|^p)|f(w_0)|^{p-1}f'(w_0)(w_0+\varepsilon v)-$$

$$\left[\int_{R^N}\int_{\Omega_\varepsilon}\right]K(x)f^{-\gamma}(w_0)f'(w_0)(w_0+\varepsilon v)$$

在上面的不等式中取 $\varepsilon\to 0^+$，依据事实，当 $\varepsilon\to 0^+$ 时，$\Omega_\varepsilon\to 0$，得

$$\int_{R^N}\nabla w_0\nabla\varphi+V(x)f(w_0)f'(w_0)\varphi+\lambda\int_{R^N}(I_\alpha*|f(w_0)|^p)|f(w_0)|^{p-1}f'(w_0)\varphi-$$

$$\int_{R^N}k(x)f^{-\gamma}(w_0)f'(w_0)\varphi\geqslant 0,\forall\varphi\in E$$

上面不等式对 $-v$ 也成立，所以有

$$\int_{R^N}\nabla w_0\nabla\varphi+V(x)f(w_0)f'(w_0)\varphi+\lambda\int_{R^N}(I_\alpha*|f(w_0)|^p)|f(w_0)|^{p-1}f'(w_0)\varphi-$$

$$\int_{R^N}k(x)f^{-\gamma}(w_0)f'(w_0)\varphi=0,\forall\varphi\in E \tag{4.18}$$

类似于文献[32]的定理 1，得到 $w_0\in C^2_{loc}(R^N)$。因为 $w_0\geqslant 0$，强极大值原理蕴含着 $w_0>0$，且 $w_0\in E$ 是式（4.1）的解。

（3）验证 $w_0\in E$ 是唯一解。假如 $w_1\in E$ 也是一个式（4.1）的一个解，则对任意的 $\varphi\in E$

$$\int_{R^N}|\nabla\overline{w}\nabla\varphi|+V(x)f(\overline{w})f'(\overline{w})\varphi+\lambda\int_{R^x}I_\alpha*|f(\overline{w})|^p|f(\overline{w})|^{p-1}f'(\overline{w})\varphi-$$

$$\int_{R^N}K(x)f^{-\gamma}(\overline{w})f'(\overline{w})\varphi=0 \tag{4.19}$$

联合式（4.18）和式（4.19），因为 $K(x)>0$，从文献[36]的引理 3.2 和 $\lambda>0$，得

$$\|w_0 - \overline{w}\|^2 = \int_{R^N} K(x)[f^{-\gamma}(w_0)f'(w_0) - f^{-\gamma}(\overline{w})f'(\overline{w})](w_0 - \overline{w}) -$$
$$\int_{R^N} V(x)f(w_0)f'(w_0)(w_0 - \overline{w}) -$$
$$\lambda \bigg[\int_{R^N} I_\alpha * |f(w_0)|^p |f(w_0)|^{p-1} f'(w_0) -$$
$$\int_{R^N} I_\alpha * |f(w_0)|^p |f(w_0)|^{p-1} f'(\overline{w})\bigg](w_0 - \overline{w}) \leqslant 0$$

所以 $w_0 = \overline{w}$，因此 w_0 是式（4.1）的唯一解.
证毕.

4.1.4 定理 4.1.2 的证明

从引理 4.1.2 的证明和定理 4.1.1，能得到 $\lambda = 0$ 时定理也成立. 因此，在定理 4.1.2 的条件下的假定式（4.1）有一个唯一的正解 $w_0 \in E$, i.e 成立对任意的 $w \in E$，得

$$\int_{R^N} |\nabla w_0 \nabla \varphi| + V(x)f(w_0)f'(w_0)\varphi = \int_{R^N} K(x) f^{-\gamma}(w_0) f'(w_0)\varphi$$

当 $n \to \infty$ 时，对任意的序列 $\lambda_n \to 0$ 且 $\{\lambda_n\} > 0$ 根据定理 4.1.1，能得到一个正解序列 $\{w_{\lambda_n}\} \subset E$ 相应方程（1.1）的解且对于 $n \in N$ 有 $\lambda = \lambda_n$，得

$$\int_{R^N} |\nabla w_{\lambda_n} \nabla \varphi| + V(x) f(w_{\lambda_n}) f'(w_{\lambda_n}) \varphi + \lambda \int_{R^N} I_\alpha * |f(w_{\lambda_n})|^p |f(w_{\lambda_n})|^{p-1} f'(w_{\lambda_n}) \varphi$$
$$= \int_{R^N} K(x) f^{-r}(w_{\lambda_n}) f'(w_{\lambda_n}) \varphi$$

（4.20）

对于任意 $w_\lambda \in E$ 根据引理 4.1.2 和定理 4.1.1 的证明，得 $J_{\lambda_n} = m_{\lambda_n} < 0$ 则 $\{w_{\lambda_n}\}$ 在 E 中有界. 根据式（4.11）得 J_{λ_n} 是强制的. 因此，存在的子序列 $\{w_{\lambda_n}\}$（仍表示为 $\{w_{\lambda_n}\}$）和一个非负函数 $w_0 \in E$，使得 $w_{\lambda_n} \xrightarrow{弱} w_0$ 在 E 中，$w_{\lambda_n} \to w_0$ 在 $L^p(R^N)$ 中，$p \in [2, 2^*)$ 和 $w_{\lambda_n} \to w_0$ 在 R^N 中 a.e 几乎处处成立. 在式（4.20）中定义 $w_n = w_{\lambda_n}$，并将其极限取到 liminf 当 $n \to \infty$ 时，可以从文献[36]的引理 2.4，式（4.11）和范数的弱下半连续性得到对任意的 $\varphi \in C_0^\infty(R^N)$，$\varphi$ 的支撑包含在 $B_{R_0}(0)$ 中，对于一些 $R_0 > 0$ 中的 $w_n \to w_0$ 在 $H^1(R^N)$ 中，有

$$\left|\int_{R^N} \nabla w_n \nabla \varphi - \nabla w_0 \nabla \varphi\right| \to 0 \quad (4.21)$$

由 $w_n \to w_0$ 在 $L_{loc}^2(R^N)$ 中,

$$\left|\int_{R^N} V(x)[f(w_n)f'(w_n)\varphi - f(w_0)f'(w_0)]\varphi\right|$$

$$\leq \mu \left|\int_{B_{R_0(0)}} [f(w_n)f'(w_n)\varphi - f(w_0)f'(w_0)]\varphi\right|$$

$$\leq \mu \left[\int_{B_{R_0(0)}} [f(w_n)f'(w_n)\varphi - f(w_0)f'(w_0)]^2\right]^{\frac{1}{2}} \left(\int_{B_{R_0(0)}} |\varphi|^2\right)^{\frac{1}{2}} \to 0 \quad (4.22)$$

在式（4.20）中对 liminf 取极限 $n \to \infty$，由式（4.21）~ 式（4.22）和弱下半连续的定义，有

$$\int_{R^N} \nabla w_0 \nabla \varphi + V(x)f(w_0)f'(w_0)\varphi \leq \int_{R^N} K(x)|f(w_0)|^{-\gamma} f'(w_0)\varphi \quad (4.23)$$

而且，对 liminf 取极限 $n \to \infty$，由式（4.21）~ 式（4.22）和法图引理，有

$$\int_{R^N} \nabla w_0 \nabla \varphi + V(x)f(w_0)f'(w_0)\varphi \geq \int_{R^N} K(x)|f(w_0)|^{-\gamma} f'(w_0)\varphi \quad (4.24)$$

联合式（4.23）和式（4.24）有

$$\int_{R^N} \nabla w_0 \nabla \varphi + V(x)f(w_0)f'(w_0)\varphi = \int_{R^N} K(x)|f(w_0)|^{-\gamma} f'(w_0)\varphi$$

类似于定理 4.1.1 中的第二步的证明，能够得到 $0 < w_0 \in E$ 也是式（4.1）的一个解. 所以，在 E 中 $w_{\lambda_n} \to w_0$，且 w_0 是式（4.1）的一个正解.

证毕.

4.2 基尔霍夫-薛定谔-泊松系统多解的存在性及其集中性研究

本节主要考虑下面的带有深井位势函数的基尔霍夫-薛定谔-泊松系统

$$\begin{cases} a + b\int_{R^3}(|\nabla u|^2 \, \mathrm{d}x)\Delta u + \lambda V(x)u + \mu\phi(x)u = f(x,u) + h(x)|u|^\alpha, x \in R^3 \\ -\Delta \phi = u^2, x \in R^3 \end{cases} \quad (4.25)$$

式中，$a,b,\lambda>0$ 是常数，$\mu>0$ 且 $0<\alpha<1$，$f\in C(R^N\times R,R)$. 利用变分原理，克服由泊松项所引起的困难并且获得了系统（4.25）有两个不同的平凡解. 而且通过研究系统（4.25）的解的集中性获得了新的结论. 最后，得到了解不存在的情形.

4.2.1　研究现状和主要结果

对于式（4.25），如果 $b=0$，则与下面的薛定谔-泊松相关

$$\begin{cases}\Delta u+V(x)u+\phi(x)u=f(x,u),x\in R^3\\ -\Delta\phi=u^2,x\in R^3\end{cases}\qquad(4.26)$$

式（4.26）在量子力学中经常被用作描述带电粒子之间相互作用的模型. 其中，ϕ_u 是非局部的，涉及与电场的相互作用. 有关式（4.26）的物理背景的更多详细信息，可参阅参考文献[2]. 近年来，大量的文献都在关注存在非平凡解的多重性薛定谔-泊松系统，用于研究薛定谔-泊松系统对于深井的位势，请参考文献[1, 4, 5, 7, 9-11, 18, 19, 22, 27].

例如，在文献[12]中，作者研究了以下 Schrodinger-Poisson-Slater 系统的正解的存在性

$$\begin{cases}-\Delta u+u+\lambda\phi u=|u|^{p-2}u,x\in\Omega\\ -\Delta\phi=u^2,x\in\Omega\\ u=\phi=0,x\in\partial\Omega\end{cases}\qquad(4.27)$$

他们证明了，如果 p 接近临界索伯列夫指数 2^*，则正解的数量大于 Ω 的 Lusternik-Schnirelmann 畴数.

在文献[31]中，作者研究了以下一类非齐次薛定谔-泊松系统的存在性和多重性

$$\begin{cases}\Delta u+V(x)u+K(x)\phi(x)u=f(x,u)+g(x),x\in R^3\\ -\Delta\phi=K(x)u^2,x\in R^3\end{cases}\qquad(4.28)$$

他们证明了解的多重性，并且如果 f 在 u 和 $g(x)\equiv 0$ 中是奇数，这要归功于 R. Kajikiya 关于次二函数的对称山路引理.

在文献[32]中，作者研究了一个非线性薛定谔-泊松系统的多解性

$$\begin{cases} \Delta u + V(x)u + K(x)\phi(x)u = Q(x)|u|^{p-2}u, x \in R^3 \\ -\Delta\phi = K(x)u^2, x \in R^3 \end{cases} \quad (4.29)$$

式中，$\lambda > 0, 2 < p < 6$ 他们证明了正解的数量取决于 $Q(x)$。

如果 $\mu = 0$，方程（4.25）被称作基尔霍夫型问题，与下面的方程有关

$$\rho\partial_{tt}^2 u - \left(\frac{P_0}{h} + \frac{E}{2L}\int_0^L |\partial_x u(x)|^2 dx\right)\partial_{xx}^2 u = 0 \quad (4.30)$$

与式 4.28 相关的模型主要考虑横向振动引起的弦长变化，其中的常数具有以下含义：$u = u(x,t)$ 表示空间坐标 x 和时间 t 处的横向弦位移，L 表示弦的长度，h 表示横截面面积，E 表示杨氏模量，ρ 表示质量密度，P_0 表示初始张力[3]。关于式（4.28）问题解的存在性和多重性，已有许多研究成果，请参阅文献[6, 14, 17, 20-24]。

在文献[13]中，作者重点讨论了半线性 Kirchhoff 型方程正解的多重性和集中性

$$\begin{cases} -\left(\varepsilon^2 a + b\varepsilon\int_{R^3}|\nabla u|^2\right)\Delta u + M(x)u = \lambda f(u) + |u|^4 u, x \in R^3 \\ u \in H^1(R^3), u > 0, x \in R^3 \end{cases} \quad (4.31)$$

他们利用极小极大定理和 Ljustirnik-Schnirellmann 理论研究了全局最小势集的拓扑结构与正解个数之间的关系.

在文献[28]中，作者研究了薛定谔-基尔霍夫方程的解的存在性和多解性

$$M\left(\iint_{R^N}\frac{|u(x)-u(y)|^p}{|x-y|^{N+ps}}dxdy\right)(-\Delta)_p^s u + V(x)|u|^{p-2}u = f(x,u) + g(x) \quad (4.32)$$

他们首先建立了分数阶 Sobolev 空间的 Batsch-Wang 型紧嵌入定理。最后，利用 Ekeland 变分原理和山路引理得到了多重性结果.

在文献[25]中，作者讨论了椭圆问题正解的多重性和集中性问题

$$\begin{cases} L_\varepsilon u = f(u), x \in R^3 \\ u > 0, x \in R^3 \\ u \in H^1(R^3) \end{cases}$$

它们展示了高能半经典态解的多重性.

本书中，主要研究 Kirchhoff-Schrödinger-Poisson 的多重解具有陡峭势阱的系统. 关于 Kirchhoff-Schrödinger-Poisson 方程多重解的研究系统，请参阅文献[26-28, 30].

受上述研究结果的启发，本文的主要内容是研究 Kirchhoff-Schrödinger-Poisson 的非平凡解的多重性具有陡峭势阱的系统. 在关于 $V(x)$ 和非线性项 $f(x,u)$ 的简单假设下，本文证明了问题（4.25）有两个非平凡解. 截至目前，很少有人研究 Kirchhoff-Schrödinger-Poisson 的这种情况. 此外，本书还得到了问题（4.25）不具有非平凡解的结论.

下面对位势函数有如下假设：

(V_1) $V \in (R^3, R)$ 且在 R^3 上 $V \geq 0$.

(V_2) 存在常数 $C > 0$ 使得集合 $\{V < C\} := \{x \in R^3 \,|\, V(x) < C\}$ 非空具有有限测度.

(V_3) 设 $\Omega = \text{int}\, V^{-1}(0)$ 是非空且有光滑边界，满足 $\overline{\Omega} = V^{-1}(0)$.

定理 4.2.1 假设满足 (V_1), (V_2), (K_1) 且下列条件成立：

(f_1) 设 $f(x,s) \in C(R^N, R)$ 对于任意的 $s < 0, x \in R^3$ 有 $f(x,s) \equiv 0$. 而且，存在 $p \in L^\infty(R^3)$ 满足 $|p^+|_\infty < \Theta_0 := \dfrac{S^2 \min\{a,1\}}{|V<c|^{\frac{2^*-2}{2^*}}}$ 使得 $\lim\limits_{s \to 0^+} \dfrac{f(x,s)}{s^k} = p(x)$ 对 $x \in R^3$ 一致成立，对任意的 $s > 0$ 和 $x \in \Omega$ 有 $\dfrac{f(x,s)}{s^k} \geq p(x)$，这里 S 是在 $L^{2^*}(R^N)$ 中 $H^1(R^N)$ 的最佳嵌入常数，$|\bullet|$ 是勒贝格测度.

(f_2) 存在函数 $q(x) \in L^\infty(R^3)$，q^+ 不恒等于 0 在 $\overline{\Omega}$ 上使得 $\lim\limits_{s \to \infty} \dfrac{f(x,s)}{s^k} = q(x)$ 在 $x \in R^3$ 上一致成立.

(f_3) d_0 是一个常数满足 $0 \leq d_0 < \dfrac{S_\alpha^2 \min\{a,1\}}{4} |\{V<c\}|^{\frac{2_\alpha^*-2}{2_\alpha^*}}$，而且满足下列条件 $F(x,s) - \dfrac{1}{4} f(x,s)s \leq d_0 s^2$ 对 $s > 0$ 和 $x \in R^N$.

(f_4) $f \in C^1(R^3 \times R)$ 且 $s \to \dfrac{f(x,s)}{s^k}$ 是非减函数对任意固定 $x \in R$，对

$\forall k \in [1, 2_\alpha^* - 1)$,如果函数 f 满足条件 $(f_1) \sim (f_3)$ 则有下面结果:

(1) 假定 $k=1$ 和 $\lambda_1^{(1)} < 1$,则存在 $k>0$ 和 $\Lambda > 0$ 使得 $h(x) \in L^{\frac{2^*}{2^*+q+1}}(R^3)$ 和 $\lambda > \Lambda$,问题(4.25)至少有两个非平凡解.

(2) 假定 $k \in (1, 2^*-1)$,则存在 $k>0$ 和 $\Lambda > 0$ 使得 $h(x) \in L^{\frac{2^*}{2^*+q+1}}(R^3)$ 和 $\lambda > \Lambda$,问题(4.25)至少有两个非平凡解.

定理 4.2.2 设 u_λ^1, u_λ^2 是式(4.25)的两个解,则对 $\forall \lambda > 0, u_\lambda^1 \to u_0^1, u_\lambda^2 \to u_0^2$,当 $\lambda \to \infty$ 时,u_0^1, u_0^2 也是下面的方程非平凡的解

$$\begin{cases} \left(a + b\int_{R^N} |\nabla u|^2 \, dx\right) \Delta u = f(x, u) + h(x)|u|^q, & x \in \Omega \\ u(x) = 0, & x \in \partial\Omega \end{cases} \quad (4.33)$$

下面的极小问题将被用到:

$$\lambda_1^{(k)} = \inf \left\{ \left(\int_\Omega |\nabla u|^2 \, dx\right)^{\frac{k+1}{2}} \mid u \in H_0^1(\Omega), \int_\Omega q(x)|u|^{k+1} \, dx = 1 \right\}$$

式中,$k=1,3,4$. $q(x)$ 在 $\overline{\Omega}$ 上是有界函数且 $q^+(x)$ 不恒等于 0,容易证明对一些 $\varphi_k \in H_0^1(\Omega)$ 有 $\lambda_1^k > 0$ 是可达的且对 $\varphi_k > 0$, a.e 在 Ω 中满足 $\int_\Omega q(x)|\varphi_k|^{k+1} \, dx = 1$.

定理 4.2.3 假设 $(V_1) \sim (V_3)$ 成立,且 $h(x) = 0, \mu \in (0, \mu^*)$ 对于 $k=1,3$,如果函数 f 满足条件 (f_2) 和 (f_4) 则有下面的结论:

(1) 假设 $k=1, b \geq |q|_\infty S^{-2}(\Omega) \frac{2^*-2}{2^*}$,则存在常数 $\Lambda_0 > 0$ 使得对 $\forall \alpha > 0$ 和 $\lambda > \Lambda_0$,问题(4.25)无非平凡的解.

(2) 假设 $k=3, \lambda_0^{(3)} > 0$,则对 $\forall \alpha \geq \lambda_0^{(3)}$ 和 $\lambda > 0$,问题(4.25)无非平凡的解.

4.2.2 预备知识

在这一节中,将给出了一些初步的结果和使用引理.

设 $H^1(R^3)$ 是具有内乘积和范数的一般 Hilbert 空间

$$\langle u,v\rangle_{H^1(R^3)} = \int_{R^3}(\nabla u\nabla v + uv)dx, \|u\|^2_{H^1(R^3)} = \langle u,u\rangle$$

并表示的范数 $D^{1,2}(R^3)$

$$\|u\|^2_{D^{1,2}(R^3)} = \int_{R^3}|\nabla u|^2\,dx$$

设

$$E = \left\{u\in H^1(R^3)\Big|\int_{R^3}V(x)\mu^2 dx<\infty\right\}, E_\lambda = \left\{u\in H^1(R^3)\Big|\int_{R^3}\lambda V(x)\mu^2 dx<\infty\right\}$$

具有下列相应的内积和范数

$$\langle u,v\rangle = \int_{R^3}a\nabla u\nabla v + \lambda V(x)uv dx \quad \text{和} \quad \|u\|^2_{H^1(R^3),\lambda} = \langle u,u\rangle$$

再次回顾此方法，对于 E 中的任何 $u\in E$，线性函数 Lu 在 $D^{1,2}(R^3)$ 定义如下 $Lu(\phi) = \int_{R^3}u^2\phi dx$，很容易证明函数 Lu 在 $D^{1,2}(R^3)$ 中是连续的. 因此，通过 Hölder 不等式和 Sobolev 不等式，得

$$|Lu(\phi)|\lesssim |u|^2_{2^*}|\phi|_{2^*} = |u|^2_{\frac{12}{5}}|\phi|_{2^*} \leqslant c|u|^2_{\frac{12}{5}}\|\phi\|_{D^{1,2}} \leqslant c\|u\|^2_2\|\phi\|_{D^{1,2}}$$

式中，$2^* = \dfrac{2N}{N-2}$，利用 Lax-Milgram 定理，可以得到存在唯一的 $\phi_u\in D^{1,2}(R^3)$ 使得

$$\int_{R^3}u^2\varphi dx = \int_{R^3}\nabla\phi_u\nabla\varphi dx, \forall \varphi\in D^{1,2}(R^3)$$

而且，ϕ_u 能够表示成下面的形式

$$\phi_u(x) = \frac{1}{4\pi}\int_{R^3}\frac{u^2(y)}{|x-y|}dy \geqslant 0.$$

应用分部积分，有

$$\int_{R^3}\nabla\phi_u\nabla\varphi dx = -\int_{R^3}\varphi\Delta\phi_u dx, \forall \varphi\in D^{1,2}(R^3)$$

然后在弱意义上 $-\Delta\phi_u = u^2$. 因此，得到 $\|\phi_u\|^2_{D^{1,2}} \leqslant c|u|^2_{\frac{12}{5}}\|\phi_u\|_{D^{1,2}}$. 换句话有

$$\|\phi_u\|_{D^{1,2}} \leqslant c|u|_{\frac{12}{5}}^2.$$

利用 Hölder 不等式和 Sobolev 不等式得对任意的 $u \in E$ 有

$$\frac{1}{4\pi}\iint_{R^3}\frac{u^2(x)u^2(y)}{|x-y|}\mathrm{d}x\mathrm{d}y = \int_{R^3}\phi_u u^2 \mathrm{d}x \leqslant c|u|_{\frac{12}{5}}^4 \leqslant c\|u\|_{H^1(R^3),\lambda}^4 \quad (4.34)$$

设

$$I_{\lambda,b}^{\mu}(u) = \frac{1}{2}\|u\|_{H^1(R^3),\lambda}^2 + \frac{b}{4}\|u\|_{D^{1,2}}^4 + \frac{\mu}{4}\int_{R^3}\phi_u u^2 \mathrm{d}x - \frac{1}{\alpha}\int_{R^3}h(x)|u|^{\alpha}\mathrm{d}x - \int_{R^3}F(x,u)\mathrm{d}x$$

(4.35)

则 I 在 E 中有很好定义，且属于 $C^1(E,R)$[25]，并且有

$$\langle I_{\lambda,b}^{\mu\prime}(u), v\rangle = \int_{R^3}(a\nabla u \nabla v + \lambda V(x)uv)\mathrm{d}x + b\|u\|_{D^{1,2}}^2\int_{R^3}\nabla u \nabla v \mathrm{d}x + \int_{R^3}\phi_u uv \mathrm{d}x -$$
$$\int_{R^3}h(x)|u|^{\alpha-2}uv\mathrm{d}x - \int_{R^3}f(x,u)v\mathrm{d}x \quad (4.36)$$

用条件 $(V_1) \sim (V_3)$，Hölder 不等式和 Sobolev 不等式，有

$$\int_{R^3}|u|^r \mathrm{d}x \leqslant \left(\int_{R^3}|u|^2\mathrm{d}x\right)^{\frac{2^*-2}{2}}\left(\int_{R^3}|u|^{2^*}\mathrm{d}x\right)^{\frac{r-2}{2^*-2}}$$

$$\leqslant \left(\int_{\{V \geqslant c\}}|u|^2\mathrm{d}x + \int_{\{V < c\}}|u|^2\mathrm{d}x\right)^{\frac{2^*-r}{2^*-2}}\left(S^{-2^*}\left(\int_{R^3}|\nabla u|^2\mathrm{d}x\right)^{\frac{2^*}{2}}\right)^{\frac{r-2}{2^*-2}}$$

$$\leqslant \left(\frac{1}{\lambda c}\int_{R^3}\lambda V(x)u^2\mathrm{d}x + |\{V < c\}|^{\frac{2^*-2}{2^*}}S^{-2}\int_{R^3}|\nabla u|^2\mathrm{d}x\right)^{\frac{r-2}{2^*-2}} \cdot$$

$$\left[S^{-2^*}\left(\int_{R^3}(|\nabla u|^2 + \lambda V(x)u^2)\mathrm{d}x\right)^{\frac{2^*}{2}}\right]^{\frac{r-2}{2^*-2}}$$

$$\leqslant \left[\max\left\{\frac{1}{\lambda c}, S^{-2}|\{V<c\}|^{\frac{2^*-2}{2^*}}\right\}\int_{R^3}(|\nabla u|)^2 + V(x)u^2)\mathrm{d}x\right]^{\frac{2^*-r}{2^*-2}}S^{\frac{-2^*(r-2)}{2^*-2}} \cdot$$

$$\left[\left(\int_{R^3}|\nabla u|^2 + \lambda V(x)u^2\mathrm{d}x\right)^{\frac{2^*(r-2)}{2^*-2}}\right]$$

$$\leqslant |\{V<c\}|^{\frac{2^*-r}{2^*}}S^{-r}\|u\|_{H^1()R^3,\lambda}^r \quad (4.37)$$

得

$$\int_{R^3}|u|^2\,\mathrm{d}x \leqslant |\{V<c\}|^{\frac{2^*-r}{2^*}} S^{-r}\|u\|_{H^1(R^3),\lambda}^r \qquad (4.38)$$

因此，有

$$\int_{R^3} h(x)|u|^{1+q}\,\mathrm{d}x \leqslant \left(\int_{R^3}|h(x)|^{\frac{2^*}{2^*+1+q}}\right)^{\frac{2^*+1+q}{2^*}} \left(\int_{R^3}|u|^{(1+q)\frac{2^*}{1+q}}\,\mathrm{d}x\right)^{\frac{1+q}{2^*}}$$

$$\leqslant |h(x)|^{\frac{2^*}{2^*+1+q}} \left(\int_{R^3}|u|^{2^*}\,\mathrm{d}x\right)^{\frac{1+q}{2^*}}$$

$$\leqslant |h(x)|^{\frac{2^*}{2^*+1+q}} \left(\frac{1}{S^2}\int_{R^3}|\nabla u|^2\,\mathrm{d}x\right)^{1+q}$$

$$\leqslant \frac{C}{S^2}\|u\|_{H^1(R^3),\lambda}^{1+q}$$

4.2.3　定理 4.2.1~定理 4.2.3 的证明

1. 引理

为了完成定理 4.2.1~定理 4.2.3 的证明，需要以下引理.

引理 4.2.1　假如对于任意的 $k\in[1,2^*)$ 条件 (V_1)~(V_3) 和 (f_3) 成立，则对于系统（4.25）的任意的一个非平凡的解都有下面的估计

$$I_{\lambda,b}^\mu(u) \geqslant -\frac{(1-\alpha)(3-\alpha)}{8(1+\alpha)}\max\{h(x)\}\left(\frac{\frac{3-\alpha}{4(1+\alpha)}\max\{h(x)\}(1+\alpha)}{2\left\{\frac{1}{4}-d_0\{V<c\}^{\frac{2^*-2}{2^*}}S^{-2}\right\}}\right)^{\frac{1+\alpha}{1-\alpha}}$$

证明　假如 u 是系统（4.25）的一个解，则有

$$a\int_{R^3}|\nabla u|^2\,\mathrm{d}x + b\left[\int_{R^3}|\nabla u|^2\,\mathrm{d}x\right]^2 + \int_{R^3}\lambda V(x)u^2\,\mathrm{d}x + \mu\int_{R^3}\phi_u u^2\,\mathrm{d}x -$$

$$\int_{R^3}h(x)u^\alpha\,\mathrm{d}x - \int_{R^3}f(x,u)u\,\mathrm{d}x = 0$$

应用条件 (f_3)，得

$$\int_{R^3} 4F(x,u)\mathrm{d}x \leqslant \int_{R^3} f(x,u)u\mathrm{d}x + \int_{R^3} 4d_0^2 u^2 \mathrm{d}x$$

因此推断出

$$I_{\lambda,b}^{\mu}(u) = \frac{a}{2}\int_{R^3}|\nabla u|^2 \mathrm{d}x + \frac{b}{4}\Big[\int_{R^3}|\nabla u|^2 \mathrm{d}x\Big]^2 + \frac{\lambda}{2}\int_{R^3}V(x)u^2 \mathrm{d}x + \frac{\mu}{4}\int_{R^3}\phi_u u^2 \mathrm{d}x -$$

$$\int_{R^3} F(x,u)\mathrm{d}x - \frac{1}{1+\alpha}\int_{R^3} h(x)|u|^{1+\alpha}\mathrm{d}x$$

$$\geqslant \frac{a}{2}\int_{R^3}|\nabla u|^2 \mathrm{d}x + \frac{b}{4}\Big[\int_{R^3}|\nabla u|^2 \mathrm{d}x\Big]^2 + \frac{\lambda}{2}\int_{R^3}V(x)u^2 \mathrm{d}x + \frac{\mu}{4}\int_{R^3}\phi_u u^2 \mathrm{d}x -$$

$$\int_{R^3} d_0 u^2 \mathrm{d}x - \frac{1}{4}\int_{R^3} f(x,u)u\mathrm{d}x - \frac{1}{1+\alpha}\int_{R^3} h(x)|u|^{1+\alpha}\mathrm{d}x$$

$$\geqslant \frac{a}{2}\int_{R^3}|\nabla u|^2 \mathrm{d}x + \frac{\lambda}{2}\int_{R^3}V(x)u^2 \mathrm{d}x - \int_{R^3} d_0 u^2 \mathrm{d}x - \frac{1}{1+\alpha}\int_{R^3} h(x)|u|^{1+\alpha}\mathrm{d}x$$

$$\geqslant \frac{1}{4}\|u\|_{H^1(R^3),\lambda}^2 - \int_{R^3} d_0 u^2 \mathrm{d}x - \frac{3-\alpha}{4+4\alpha}\int_{R^3} h(x)|u|^{1+\alpha}\mathrm{d}x$$

$$\geqslant \Big\{\frac{1}{4} - d_0 \,|\,\{V<c\}\,|^{\frac{2^*-2}{2^*}} S^{-2}\Big\}\|u\|_{H^1(R^3)\lambda}^2 - \frac{3-\alpha}{4+4\alpha}\max\{h(x)\}\|u\|_{H^1(R^3)\lambda}^{1+\alpha}$$

$$\geqslant -\frac{(1-\alpha)(3-\alpha)}{8(1+\alpha)}\max\{h(x)\}\left(\frac{\dfrac{3-\alpha}{4(1+\alpha)}\max\{h(x)\}(1+\alpha)}{2\Big\{\dfrac{1}{4} - d_0 \{V<c\}^{\frac{2^*-2}{2^*}} S^{-2}\Big\}}\right)^{\frac{1+\alpha}{1-\alpha}} \quad (4.39)$$

证毕.

引理 4.2.2 假如对于任意的 $k \in [1, 2^*-1)$ 条件 $(V_1) \sim (V_3)$ 和 (f_1), (f_2) 成立,则存在常数 $k>0, \rho>0$ 和 $\eta>0$ 使得

$$\inf\{I_{\lambda,b}^{\mu}(u) : u \in E_\lambda : \|u\|_{E_\lambda} = \rho\} > \eta$$

对 $\lambda \geqslant \dfrac{S}{c}|\{V<c\}|^{\frac{2-2^*}{2^*}}$ 和 $\|h(x)\|_{L^\infty} < k$ 成立.

证明 事实上,由条件 (f_1) 和 (f_2),对任意的 $\varepsilon>0$,存在 $c_\varepsilon>0$ 使得

$$F(x,s) \leqslant \frac{|p^+|_\infty + \varepsilon}{2} s^2 + \frac{c_\varepsilon}{r} |s|^r, \forall s \in R \qquad (4.40)$$

式中，$\max\{2, k+1\} < r < 2^*$. 实际上，由 (2.4),(2.5) 和 (2.6) 并且用霍尔德不等式，对任意的 $u \in E_\lambda$ 和 $\lambda \geqslant \frac{S^2}{c} |\{V < c\}|^{\frac{2^*-2}{2^*}}$，得

$$\begin{aligned}
I^\mu_{\lambda,b}(u) &= \frac{a}{2} \int_{R^3} |\nabla u|^2 \mathrm{d}x + \frac{b}{4} \left[\int_{R^3} |\nabla u|^2 \mathrm{d}x \right]^2 + \frac{\lambda}{2} \int_{R^3} V(x) u^2 \mathrm{d}x + \frac{\mu}{4} \int_{R^3} \phi_u u^2 \mathrm{d}x - \\
&\quad \int_{R^3} F(x,u) \mathrm{d}x - \frac{1}{1+\alpha} \int_{R^3} h(x) |u|^{1+\alpha} \mathrm{d}x \\
&\geqslant \frac{1}{2} \|u\|^2_{H^1(R^3),\lambda} - \frac{|p^+|_\infty + \varepsilon}{2} \int_{R^3} u^2 \mathrm{d}x - \frac{C_\varepsilon}{r} \int_{R^3} u^r \mathrm{d}x - \frac{1}{1+\alpha} \int_{R^3} h(x) |u|^{1+\alpha} \mathrm{d}x \\
&\geqslant \left(\frac{1}{2} - \frac{|p^+|_\infty + \varepsilon}{2S^2} |\{V < c\}|^{\frac{2^*-2}{2^*}} \right) \|u\|^2_{H^1(R^3),\lambda} - \frac{c_\varepsilon |\{V < c\}|^{\frac{2^*-r}{2^*}}}{rS^r} \|u\|^r_{H^1(R^3),\lambda} - \\
&\quad C \|h\|_{L^\infty} \|u\|^{1+\alpha}_{H^1(R^3),\lambda} \\
&\geqslant \|u\|^{1+\alpha}_{H^1(R^3),\lambda} \left[\left(\frac{1}{2} - \frac{|p^+|_\infty + \varepsilon}{2S^2} |\{V < c\}|^{\frac{2^*-2}{2^*}} \right) \|u\|^{1-\alpha}_{H^1(R^3),\lambda} - \right. \\
&\quad \left. \frac{c_\varepsilon |\{V < c\}|^{\frac{2^*-r}{2^*}}}{rS^r} \|u\|^{r-1-\alpha}_{H^1(R^3),\lambda} - C \|h\|_{L^\infty} \right]
\end{aligned}$$

定义 $\varepsilon \in (0, \Theta_0 - |p^+|_\infty)$ 且 ε 是一个常数，则对于 $t > 0$，表示

$$\varsigma(t) = mt^{1-\alpha} - nt^{r-1-\alpha}$$

通过简单的计算，容易看到存在一个常数 R 使得 $\max_{t>0} \varsigma(t) = \varsigma(R) > 0$. 表示 $\tau_0 = \varsigma(R)$，对任意的 $\mu \in (0, \mu_0)$ 存在 $\|u\|_{H(R^3),\lambda^1} \geqslant \rho$ 使得 $I^\mu_{\lambda,b} \geqslant \eta$.

证毕.

引理 4.2.3 假设满足条件 $(V_1) \sim (V_2)$ 和 $(f_1) \sim (f_3)$. 则在 E 中对任意的 $k \in [1, 2^*)$ 和 $\lambda \geqslant \frac{S^2}{c} |\{V| < c\}|^{\frac{2-2^*}{2^*}}$ 序列 $\{u_n\}$ 有界，这里序列 $\{u_n\}$ 的定义和引理 4.2.1 中的定义相同.

证明 假如 $n \to \infty$，用条件 (f_3) 和结论 (2.6)，有

$$\alpha_\lambda + 1 \geqslant I_{\lambda,b}^\mu(u_n) - \frac{1}{4}\langle I_{\lambda,b}'^\mu(u_n), u_n\rangle$$

$$\geqslant \frac{a}{4}\int_{R^3}|\nabla u|^2 \mathrm{d}x + \frac{\lambda}{4}\int_{R^3}V(x)u^2\mathrm{d}x + \int_{R^3}\left[\frac{1}{4}f(x,u_n)u_n - F(x,u_n)\right]\mathrm{d}x -$$

$$\left(\frac{1}{1+\alpha} - \frac{1}{4}\right)\int_{R^3}h(x)|u_n|^{1+\alpha}\mathrm{d}x$$

$$\geqslant \frac{a}{4}\int_{R^3}|\nabla u|^2\mathrm{d}x + \frac{\lambda}{4}\int_{R^3}V(x)u^2\mathrm{d}x + \int_{R^3}d_0 u^2\mathrm{d}x - \left(\frac{1}{1+\alpha} - \frac{1}{4}\right)\int_{R^3}h(x)|u_n|^{1+\alpha}\mathrm{d}x$$

$$\geqslant \left(\frac{1}{4} - d_0 \left|\{V<c\}\right|^{\frac{2^*-2}{2^*}}\right)\|u_n\|_{H^1(R),\lambda}^2 - c\|u\|_{H^1(R^3),\lambda}^{1+\alpha}$$

这蕴含着在 E_λ 中序列 $\{u_n\}$ 是有界的.

证毕.

引理 4.2.4 假如满足条件 $(V_1) \sim (V_3)$ 和 $(f_1) \sim (f_3)$,则对任意的 $k \in [1, 2^* - 1)$,存在 $\chi_0 = \chi_0(D) \geqslant \dfrac{4d_0}{c}$ 和

$$D \geqslant -\frac{(1-\alpha)(3-\alpha)}{8(1+\alpha)}\max\{h(x)\}\left(\frac{\dfrac{3-\alpha}{4(1+\alpha)}\max\{h(x)\}(1+\alpha)}{2\left\{\dfrac{1}{4} - d_0\{V<c\}^{\frac{2^*-2}{2^*}}S^{-2}\right\}}\right)^{\frac{1+\alpha}{1-\alpha}}$$

对于任意的 $\mu \in (0, \mu_0)$ 和 $\lambda > \chi_0$ 使得 $I_{\lambda,b}^\mu$ 满足 $(C)_c$ 序列对于在 E_λ 中 $D > 0$.

证明 设在 E_λ 中的 $(C)_c$ 序列 $\{u_n\}$ 满足条件 $D > 0$. 应用引理 3.3 知道序列 $\{u_n\}$ 在 E_λ 中有界,因此能够得到在 E_λ 中 $u_n \rightarrow u$,这蕴含着在 $L_{loc}^r(R^3)$ 中 $u_n \xrightarrow{\text{强}} u$ 对于 $1 \leqslant r \leqslant 2^*$,得 $I_{\lambda,b}^\mu(u_0) = 0$. 因此,能验证在 E_λ 中 $u_n \xrightarrow{\text{强}} u$. 假定 $v_n = u_n - u$,当 $n \rightarrow \infty$ 时用 Hölder 不等式,得

$$\int_{R^3}h(x)u_n^{1+\alpha}\mathrm{d}x \leqslant \int_{R^3}h(x)u^{1+\alpha}\mathrm{d}x + \int_{R^3}h(x)|u_n - u|^{1+\alpha}\mathrm{d}x$$

$$\leqslant \int_{R^3}h(x)u^{1+\alpha}\mathrm{d}x + C\|u_n - u\|_{L^2(R^3)}^{1+\alpha}$$

$$\leqslant \int_{R^3}h(x)u^{1+\alpha}\mathrm{d}x + o(1) \quad (4.41)$$

类似地,能够证明

$$\int_{R^3} h(x)u^{1+\alpha}\mathrm{d}x \leqslant \int_{R^3} h(x)u_n^{1+\alpha}\mathrm{d}x + \int_{R^3} h(x)|u_n-u|^{1+\alpha}\mathrm{d}x$$

$$\leqslant \int_{R^3} h(x)u_n^{1+\alpha}\mathrm{d}x + C\|u_n-u\|_{L^2(R^3)}^{1+\alpha}$$

$$\leqslant \int_{R^3} h(x)u_n^{1+\alpha}\mathrm{d}x + o(1) \tag{4.42}$$

注意到式（4.41）和式（4.42），有

$$\int_{R^3} h(x)u_n^{1+\alpha}\mathrm{d}x = \int_{R^3} h(x)u^{1+\alpha}\mathrm{d}x + o(1) \tag{4.43}$$

事实上，用 Hölder 不得式和 Sobolev 不等式，得

$$\int_{R^3}|v_n|^r \mathrm{d}x \leqslant \left(\int_{R^3}|v_n|^2 \mathrm{d}x\right)^{\frac{2^*-r}{2^*-2}}\left(\int_{R^3}|v_n|^{2^*}\mathrm{d}x\right)^{\frac{r-2}{2^*-2}}$$

$$\leqslant \left[\frac{1}{\lambda c}\left(a\int_{R^3}|\nabla v_n|^2\mathrm{d}x + \int_{R^3}\lambda V(x)v_n^2\mathrm{d}x\right)\right]^{\frac{2^*-r}{2^*-2}} \cdot$$

$$\left[S^{-2^*}a^{\frac{2}{2^*}}\left(a\int_{R^3}|\nabla v_n|^2\mathrm{d}x\right)^{\frac{2^*}{2}}\right]^{\frac{r-2}{2^*-2}}$$

$$\leqslant \left(\frac{1}{\lambda c}\right)^{\frac{2^*-1}{2^*}-2} S^{-\frac{2^*(r-2)}{2^*-2}} a^{\frac{2(r-2)}{2^*(2^*-2)}}\left(a\int_{R^3}|\nabla v_n|^2\mathrm{d}x + \int_{R^3}\lambda V(x)v_n^2\mathrm{d}x\right)^{\frac{r}{2}} + o(1)$$

而且，用上面的不等式联合 (f_1), (f_2)，由 Brezis-Lieb 引理[8]，有 $I_{\lambda,b}^\mu(v_n) = I_{\lambda,b}^\mu(u_n) - I_{\lambda,b}^\mu(u_0) + o(1)$ 和 $I_{\lambda,b}'^\mu(v_n) = o(1)$

$$\int_{R^3} h(x)|v_n|^{1+\alpha}\mathrm{d}x = \int_{R^3} h(x)|u_n|^{1+\alpha}\mathrm{d}x - \int_{R^3} h(x)|u_0|^{1+\alpha}\mathrm{d}x + o(1) \tag{4.44}$$

另一方面，利用式（4.42），式（4.43）和条件 (f_3) 以及引理 4.2.1，得

$$D - \frac{(1-\alpha)(3-\alpha)}{8(1+\alpha)}\max\{h(x)\}\left(\frac{\frac{3-\alpha}{4(1+\alpha)}\max\{h(x)\}(1+\alpha)}{2\left\{\frac{1}{4}-d_0\{V<c\}^{\frac{2^*-2}{2^*}}S^{-2}\right\}}\right)^{\frac{1+\alpha}{1-\alpha}}$$

$$\geqslant D - I_{\lambda,b}^\mu(u_0)$$

$$\geqslant I_{\lambda,b}^\mu(v_n) - \frac{1}{4}\langle I_{\lambda,b}'^\mu(v_n), v_n\rangle + o(1)$$

$$\geq \frac{a}{4}\int_{R^3}|\nabla v_n|^2 dx + \frac{\lambda}{4}\int_{R^3}V(x)v_n^2 dx + \int_{R^3}\left[\frac{1}{4}f(x,u_n)v_n - F(x,v_n)\right]dx +$$

$$\left(\frac{1}{4} - \frac{1}{1+\alpha}\right)\int_{R^3} h(x)|v_n|^{1+\alpha} dx + o(1)$$

$$\geq \frac{a}{4}\int_{R^3}|\nabla v_n|^2 dx + \frac{\lambda}{4}\int_{R^3}V(x)v_n^2 dx + \int_{R^3}d_0 v_n^2 dx +$$

$$\left(\frac{1}{4} - \frac{1}{1+\alpha}\right)\int_{R^3} h(x)|v_n|^{1+\alpha} dx + o(1)$$

$$\geq \frac{\lambda c - 4d_0}{4\lambda c}\left(\int_{R^3} a|\nabla v_n|^2 dx + \frac{\lambda}{4}\int_{R^3}V(x)v_n^2 dx\right) + o(1)$$

这蕴含着对任意的 $\lambda > \dfrac{4d_0}{c}$

$$\|v_n\|_{H^1(R^3),\lambda}^2 \leq \int_{R^3} a|\nabla v_n|^2 dx + \frac{\lambda}{4}\int_{R^3}V(x)v_n^2 dx$$

$$\leq \frac{4\lambda c D}{\lambda c - 4d_0} + o(1) \tag{4.45}$$

而且，由式（4.37），得

$$\int_{R^3}|v_n|^r dx \leq |\{V < c\}|^{\frac{2^*-r}{2^*}} S^{-r}\|v_n\|_{H^1(R^3),\lambda}^r$$

$$\leq |\{V < c\}|^{\frac{2^*-r}{2^*}} S^{-r}\left(\frac{4\lambda c D}{\min\{a,1\}(\lambda c - 4d_0)}\right)^{\frac{r}{2}} + o(1) \tag{4.46}$$

注意到

$$\langle I'^{\mu}_{\lambda,b}(v_n), v_n\rangle = o(1) \tag{4.47}$$

$$\int_{R^3} f(x,v_n)v_n dx \leq (|p^+|_\infty + \varepsilon)\int_{R^3} v_n^2 dx + c_\varepsilon \int_{R^3}|v_n|^r dx$$

利用式（4.45）～式（4.47）的结果，有

$$o(1) = a\int_{R^3}|\nabla v_n|^2 dx + b\left[\int_{R^3}|\nabla v_n|^2 dx\right]^2 + \int_{R^3}\lambda V(x)v_n^2 dx + \mu\int_{R^3}\phi_v v_n^2 dx -$$

$$(|p^+|_\infty + \varepsilon)\int_{R^3}|\nabla v_n|^2 dx - C_\varepsilon \int_{R^3}|\nabla v_n|^r dx - \int_{R^3} h(x)|v_n|^{1+\alpha} dx$$

$$\geq \|v_n\|_{H^1(R^3),\lambda}^2 - \frac{|p^+|_\infty + \varepsilon}{\lambda c}\|v_n\|_{H^1(R^3),\lambda}^2 -$$

$$C_\varepsilon \left(\int_{R^3}|\nabla v_n|^r dx\right)^{\frac{r-2}{r}}\left(\int_{R^3}|\nabla v_n|^r dx\right)^{\frac{r}{2}} - \int_{R^3} h(x)|v_n|^{1+\alpha} dx$$

$$\geq \left(1 - \frac{|p^+|_\infty + \varepsilon}{\lambda c}\right)\left[a\int_{R^3}|\nabla v_n|^2 dx + \lambda\int_{R^N} V(x)v_n^2 dx\right] -$$

$$\left(|\{V<c\}|^{\frac{2^*-r}{2^*}} S^{-r}\right)^{\frac{r-2}{r}} \left(\frac{4\lambda c D}{\min\{a,1\}(\lambda c - 4d_0)}\right)\left[\left(\frac{1}{\lambda c}\right)^{\frac{2^*-r}{2^*-2}} S^{-\frac{2^*(r-2)}{2^*-2}} a^{\frac{2(r-2)}{2^*(2^*-2)}}\right]^{\frac{r}{2}} \cdot$$

$$\|v_n\|^2_{H^1(R^3),\lambda}$$

$$\geq \|v_n\|^2_{H^1(R^3),\lambda}\left[1 - \frac{|p^+|_\infty + \varepsilon}{\lambda c} - \left(\frac{4\lambda c D |\{V<c\}|^{\frac{2^*-r}{2^*}}}{\min\{a,1\}(\lambda c - 4d_0)S^r}\right)^{\frac{r-2}{2}}\right. \cdot$$

$$\left. \left(\left(\frac{1}{\lambda c}\right)^{\frac{2^*-r}{2^*-2}} S^{-\frac{2^*(p-2)}{2^*-2}} a^{\frac{2(r-2)}{2^*(2^*-2)}}\right)^{\frac{2}{r}}\right] + o(1)$$

对于 $\chi_0 = \chi_0(D) \geq \frac{4d_0}{c} > 0$ 成立，最后得在 E_λ 中对于 $\lambda > \chi_0$ 有 $v_n \xrightarrow{\text{强}} 0$.

证毕.

引理 4.2.5 假设 $(V_1),(V_2)$ 成立，而且对 $k=1,3,4$ 在条件 $(F_1),(F_2)$ 下，$\rho > 0$ 的定义和引理 4.2.4 的定义相同，则有下面的结果：

（1）如果 $k=1, N=3$ 且 $\lambda_0^{(1)} < \frac{1}{a}$，则存在 $a^* > 0$ 和 $e \in H^1(R^N)$ 满足 $\|e\|_\lambda > \rho$ 使得对 $a \in (0, a^*)$ 和 $\lambda > 0$ 有 $I^\mu_{\lambda,b}(e) < 0$.

（2）如果 $k=3$，则存在 $e \in H^\alpha(R^N)$ 满足 $\|e\|_\lambda > \rho$ 使得对 $0 < a < \frac{1}{\lambda_0^{(3)}}$ 和 $\lambda > 0$ 有 $I^\mu_{\lambda,b}(e) < 0$.

（3）如果 $k=4$ 则存在 $e \in H^\alpha(R^N)$ 满足 $\|e\|_\lambda > \rho$ 使得对 $0 < a$ 和 $\lambda > 0$ 有 $I^\mu_{\lambda,b}(e) < 0$.

证明 （1）首先考虑 $a\lambda_1^{(1)} < 1$，用法图引理和条件 (f_2)，有

$$\lim_{t\to\infty}\frac{I_{\lambda,0}^0(t\psi_1)}{t^2} = \frac{1}{2}\Big(a\int_{R^3}|\nabla\psi_1|^2\mathrm{d}x + \int_{R^3}\lambda V(x)\psi_1^2\mathrm{d}x\Big) -$$

$$\lim_{t\to\infty}\int_{R^3}\frac{F(x,t\psi_1)}{t^2\psi_1}\psi_1\mathrm{d}x - \frac{t^{1+\alpha}}{t^2}\int_{R^3}h(x)\psi_1^{1+\alpha}\mathrm{d}x$$

$$\leqslant \frac{a}{2}\int_\Omega |\nabla\psi_1|^2\mathrm{d}x - \frac{1}{2}\int_\Omega q\psi_1^2\mathrm{d}x$$

$$\leqslant \frac{1}{2}\Big(a - \frac{1}{\lambda_1^1}\Big)\int_{R^3}|\nabla\psi_1|^2\mathrm{d}x$$

$$< 0$$

式中，$I_{\lambda,0}^0(u) = I_{\lambda,b}^\mu(u)$ 且有 $b=0, \mu=0$. 所以当 $t\to\infty$ 时有 $I_{\lambda,0}^0(t\psi_1)\to-\infty$，得到存在 $a^*>0$ 和 $r_0>0$ 且 $\|u\|_{E_\lambda} = r_0 > \rho_0$ 使得对任意的 $a\in(0,a^*)$ 和 $\lambda>0$ 有 $I_{\lambda,0}^0(u) = I_{\lambda,b}^\mu(u) < 0$.

（1）和（2）由式（4.27），表示

$$\Phi_k = \begin{cases} \Phi_3, k=3 \\ \Phi_4, k=4 \end{cases}$$

然后，用条件 (f_1)，(f_2) 和法图引理，得

$$\lim_{t\to\infty}\frac{I_{\lambda,b}^\mu(t\Phi)_k}{t^{k+1}} = \begin{cases} \dfrac{b}{4}\Big(\int_{R^3}|\nabla\Phi_3|^2\mathrm{d}x\Big)^2 + \dfrac{\mu}{4}\int_{R^3}\phi_{\Phi_3}\Phi_3^2\mathrm{d}x - \lim\limits_{t\to\infty}\int_{R^3}\dfrac{F(x,t\Phi_3)}{t^4\Phi_3}\Phi_3^4\mathrm{d}x, k=3 \\ -\lim\limits_{t\to\infty}\int_{R^3}\dfrac{F(x,t\Phi_4)}{t^5\Phi_4^5}\Phi_4^5\mathrm{d}x, k=4 \end{cases}$$

$$\leqslant \begin{cases} \dfrac{1}{4}\Big[b\Big(\int_\Omega|\nabla\Phi_3|^2\mathrm{d}x\Big)^2 + \dfrac{\mu}{4}\int_{R^3}\phi_{\Phi_3}\Phi_3^2\mathrm{d}x - \int_\Omega q\Phi_3^4\mathrm{d}x\Big], k=3 \\ -\dfrac{1}{5}\int_\Omega q\Phi_4^5\mathrm{d}x, k=4 \end{cases}$$

$$= \begin{cases} \dfrac{1}{4}(a\lambda_1^{(3)}-1), k=3 \\ -\dfrac{1}{5}, k=4 \end{cases}$$

所以当 $t\to\infty$ 时，能够推断出 $I_{\lambda,b}^\mu(t\Phi_k)\to-\infty$，而且存在 $a^*>0$ 和 $r_0>0$ 且 $\|u\|_{E_\lambda} = r_0 > \rho_0$ 使得对任意的 $a\in(0,a^*)$ 和 $\lambda>0$ 有 $I_{\lambda,0}^0(u) = I_{\lambda,b}^\mu(u) < 0$.

证毕.

2. 定理 4.2.1 的证明

证明 从引理 4.2.3 和引理 4.2.5，得对任意的

$$\lambda > \Lambda : \max\left\{\frac{S^{2^*}}{c}|\{V<c\}|^{\frac{2^*-2}{2^*}}, \frac{2cd_0}{c(\theta-2)}\right\}$$

对于 $I_{\lambda,b}^{\mu}(u)$ 在 E_λ 中设 $\{u_n\}$ 是一个 C_λ-序列. 从引理对于 $0<D$ 序列 $\{u_n\}$ 一致有界的，这蕴含着存在一个子序列 $\{u_n\}$ 和 $u_\lambda^1 \in E_\lambda$ 使得在 E_λ 中 $u_n \xrightarrow{\text{强}} u_\lambda^1$. 也就是 $I_{\lambda,b}^{\mu}(u_\lambda^1) \geq \eta > 0$ 和 u_λ^1 是在 E_λ 中的一个临界点. 所以是系统（4.25）的一个非平凡的解. 应用局部极小值原理，能够证明系统（4.25）存在第二个非平凡的解. 首先证明对任意的足够小 $\rho>0$ 和 $\|\phi\|_{E_\lambda}>0$ 存在 $\phi \in E_\lambda$ 使得 $I_{\lambda,b}^{\mu}(\rho\phi)<0$. 事实上，对于 $\phi \in E_0$ 和 $\int_\Omega h(x)|\phi|^{1+q} \, dx > 0$，由条件 (f_1)，对足够小的 $\kappa > 0$，有

$$\begin{aligned}
I_{\lambda,b}^{\mu}(\kappa\phi) &= \frac{\kappa^2}{2}\int_{R^3}(a|\nabla\phi|^2 + \lambda V(x)\phi^2)dx + \frac{b\kappa^4}{4}\left(\int_{R^3}|\phi|^2 \, dx\right)^2 + \\
&\quad \frac{\mu\kappa^4}{4}\int_{R^3}\phi_u\phi^2 dx - \int_{R^3}F(x,\kappa\phi)dx - \frac{\kappa^{1+\alpha}}{1+\alpha}\int_{R^3}h(x)|\phi|^{1+\alpha} \, dx \\
&\leq \frac{\kappa^2}{2}\int_{R^3}(a|\nabla\phi|^2 + \lambda V(x)\phi^2)dx + \frac{b\kappa^4}{4}\left(\int_{R^3}|\phi|^2 \, dx\right)^2 + \\
&\quad \frac{\mu\kappa^4}{4}\int_{R^3}\phi_u\phi^2 dx - \kappa^\kappa\int_{R^3}q(x)\phi(x)^\kappa dx - \frac{\kappa^{1+\alpha}}{1+\alpha}\int_{R^3}h(x)|\phi|^{1+\alpha} \, dx \\
&< 0
\end{aligned} \quad (4.48)$$

容易得到，若下半连续函数 $I_{\lambda,b}^{\mu}(u)$ 在任意的中心在原点半径为 $R<\rho$ 的 E_λ 中的闭球上有极小值，且对于任意的 $u \in E_\lambda$ 满足 $I_{\lambda,b}^{\mu}(u) \geq 0$. 存在 $\|u\|_{H^1(R^3),\lambda} = R$ 是可达的，在相应的开球上，式（4.25）有一个非平凡解满足 $I_{\lambda,b}^{\mu}(u) < 0$ 和 $\|u\|_{H^1(R^3),\lambda} < R$. 而且，从式（4.48）能推断出存在与 λ 无关的 $K_0 > 0$ 和 $l < 0$ 使得 $I_{\lambda,b}^{\mu}(\kappa_0\phi) = l$ 和 $\|\kappa_0\phi\| < R$.

所以，能得到对所有的 $\lambda \geq \Lambda$ 有

$$I_{\lambda,b}^{\mu}(u_\lambda^2) \leq l < 0 < \eta \leq I_{\lambda,b}^{\mu}(u_\lambda^1)$$

证毕.

3. 定理 4.2.2 的证明

假定存在一个序列 λ_n 使得 $\lambda_n \to \infty$，设 $u_n^1 = u_{\lambda_n}^1, u_n^2 = u_{\lambda_n}^2$，这里 $u_{\lambda_n}^1$ 和 $u_{\lambda_n}^2$ 是函数 $I_{\lambda,b}^\mu(u)$ 的两个临界点，u_n^1 和 u_n^2 是由定理 4.1.1 得到的两个非平凡解. 因为

$$\begin{cases} I_{\lambda,b}^\mu(u_n^2) \leqslant l < 0 < \eta \leqslant I_{\lambda,b}^\mu(u_n^1) \\ D \geqslant \left(\frac{1}{4} - d_0 \, |\{V<c\}|^{\frac{2^*-2}{2^*}}\right) S^{-2} \|u_n^i\|_{H^1(R^3),\lambda_n}^2 - C \|u_n^i\|_{H^1(R^3),\lambda_n}^{1+\alpha}, i=1,2 \end{cases} \quad (4.49)$$

所以

$$\|u_n^i\|_{H^1(R^3),\lambda_n} \leqslant C, i=1,2 \quad (4.50)$$

式中，C 是一个正常数与 λ_n 无关.

因此，我们能够假定在 E 中 $u_n^i \xrightarrow{\text{弱}} u_0^i$，对所有的 $2 \leqslant r < 2^*$，在 $L_{loc}^r(R^3)$ 中，$u_n^i \xrightarrow{\text{强}} u_0^i$. 注意到，由法图引理，有

$$\int_{R^3} V(x) |u_0^i|^2 \, dx \leqslant \liminf_{n \to \infty} \int_{R^3} V(x) |u_n^i|^2 \, dx, \liminf_{n \to \infty} \frac{\|u_n^i\|}{\lambda_n} = 0$$

这蕴含着在 $R^3 \setminus V^{-1}(0)$ 中 $u_0^i = 0$ 几乎处处成立且 $u_0^i \in E_0$. 因此对任意的 $\varphi \in E_0$ 能得到 $\langle {I_{\lambda,b}^\mu}'(u_n^i), \varphi \rangle = 0$，即

$$a \int_\Gamma \nabla u_0 \nabla \varphi \, dx + b \int_\Gamma \nabla u_0 \nabla \varphi \, dx \int_\Gamma |\nabla u_0|^2 \, dx + \mu \int_\Gamma \phi_{u_0} \varphi \, dx$$
$$= \int_{R^3} f(x, u_0) \varphi \, dx + \int_{R^3} h(x) |u_0|^\alpha \varphi \, dx \quad (4.51)$$

接着证明在 $L^r(R^3)$ 中 $u_n^i \xrightarrow{\text{强}} u_0^i$，$r \leqslant r < 2^*$. 利用反证法，由 Lion's 引理[19, 20]，存在 $\delta > 0, R_0 > 0$，$x \in R^3$ 使得 $\int_{B(x_n,R)} (u_n^i - u_0^i)^2 \, dx \geqslant \delta$.

当 $x_n \to \infty$ 时，$|B(x_n, R_0)| \cap \{V<c\} \to 0$，用 Hölder 不等式，有

$$\int_{|B(x_n,R_0)| \cap \{V<c\}} (u_n^i - u_0^i)^2 \, dx \to 0$$

因此能够推断出

$$\|u_n^i\| \geqslant \lambda_n C \int_{|B(x_n,R_0)| \cap \{V<c\}} |u_n^i|^2 \, dx$$

$$= \lambda_n C \int_{|B(x_n,R_0)| \cap \{V<c\}} |u_n^i - u_0^i|^2 \mathrm{d}x$$

$$= \lambda_n C \left[\int_{|B(x_n,R_0)|} |u_n^i - u_0^i|^2 \mathrm{d}x - \int_{|B(x_n,R_0)| \cap \{V<c\}} |u_n^i - u_0^i|^2 \mathrm{d}x \right] \to \infty$$

这与式（4.50）矛盾. 在 $L^r(R^3)$ 中 $u_n^i \xrightarrow{\text{强}} u_0^i$，$r \leqslant r < 2^*$. 而且，用 (f_1)，Hölder 不等式和在 $L^r(R^3)$ 中 $u_n^i \xrightarrow{\text{强}} u_0^i$，有

$$\int_{R^3} h(x) |u_n^i|^{1+\alpha} \mathrm{d}x = \int_{R^3} h(x) |u_0^i|^{1+\alpha} \mathrm{d}x + o(1)$$

因为在 $L^2_{\mathrm{loc}}(R^3)$ 中 $u_n^i \to u_0^i$ 和在 $L^2(R^3)$ 中 $\{u_n^{(i)}\}$ 是有界的，应用 Hölder 不等式在 $L^p(R^3)$ 中 $u_n^i \to u_0^i$，$p \in [2,2^*)$，有
当 $n \to \infty$ 时，

$$\int_{R^3} ((\phi_{u_n^i})(u_n^i)^2 - (\phi_{u_0^i})(u_0^i)^2) \mathrm{d}x \leqslant |\phi_{u_n^i}|_{2^*} |u_n^i|_{\frac{12}{5}} |u_n^i - u_0^i|_{\frac{12}{5}} \to 0$$

利用 (f_1) 和 (f_2)，能够推出

$$\int_{R^3} f(x,u_n^i) u_n^i \mathrm{d}x = \int_{R^3} f(x,u_0^i) u_0^i \mathrm{d}x + o(1)$$

注意到

$$\langle I'^{\mu}_{\lambda,b}(u_n^i), u_n^i \rangle = \langle I'^{\mu}_{\lambda,b}(u_n^i), u_0^i \rangle = 0$$

有

$$\|u_n^i\|^2_{H^1(R^3)\lambda_n} = \int_{R^3} f(x,u_n^i) u_n^i \mathrm{d}x + \int_{R^3} h(x) |u_n|^{1+\alpha} \mathrm{d}x$$

$$\langle u_n^i, u_0^i \rangle = \int_{R^3} f(x,u_n^i) u_0^i \mathrm{d}x + \int_{R^3} h(x) |u_n|^{1+\alpha} \mathrm{d}x$$

利用 (V_3) 和 $u_0^i \in E_0$，有

$$\lim_{n \to \infty} \|u_n^i\|^2_{H^1(R^3),\lambda_n} = \lim_{n \to \infty} \langle u_n^i, u_0^i \rangle_{\lambda_n} \leqslant \|u_0^i\|^2_{H^1(R^3)\lambda_n}$$

否则，由范数的弱下半连续性，有

$$\|u_n^i\|^2_{H^1(R^3),\lambda_n} \leqslant \liminf_{n \to \infty} \|u_0^i\|^2_{H^1(R^3),\lambda_n} \leqslant \liminf_{n \to \infty} \|u_n^i\|^2_{H^1(R^3),\lambda_n}, i=1,2$$

所以在 E_0 中，$u_n^i \to u_0^i$. 由式（4.50），能够推断出 $u_0^i, i=1,2$ 是系统（4.33）的弱解.

由式（4.49）和与 λ 无关的常数 K，η，有

$$\frac{a}{2}\int_{\Gamma}|\nabla u_0^1|^2\mathrm{d}x+\frac{b}{4}\Big(\int_{\Gamma}|\nabla u_0^1|\mathrm{d}x\Big)^2+\frac{\mu}{4}\int_{\Gamma}\phi_{u_0}(u_0^1)^2\mathrm{d}x-$$

$$\int_{\Omega}F(x,u_0^1)\mathrm{d}x-\int_{\Omega}h(x)|u_0^1|^{1+\alpha}\mathrm{d}x\geqslant\eta>0$$

$$\frac{a}{2}\int_{\Gamma}|\nabla u_0^2|^2\mathrm{d}x+\frac{b}{4}\Big(\int_{\Gamma}|\nabla u_0^2|\mathrm{d}x\Big)^2+\frac{\mu}{4}\int_{\Gamma}\phi_{u_0}(u_0^2)^2\mathrm{d}x-$$

$$\int_{\Omega}F(x,u_0^2)\mathrm{d}x-\int_{\Omega}h(x)|u_0^2|^{1+\alpha}\mathrm{d}x\leqslant k<0$$

这意味着 $u_0^i\neq 0, i=1,2$ 和 $u_0^1\neq u_0^2$.

证毕.

4. 定理 4.2.3 的证明

证明 假定 u 是式（4.25）的一个非平凡的解，有

$$\langle I_{\lambda,b}'^{\mu}(u),u\rangle=a\int_{R^3}|\nabla u|^2\mathrm{d}x+b\Big[\int_{R^3}|\nabla u|^2\mathrm{d}x\Big]^2+\int_{R^3}\lambda V(x)u^2\mathrm{d}x+\mu\int_{R^3}\phi_u u^2\mathrm{d}x-$$

$$\int_{R^3}f(x,u)u\mathrm{d}x$$

（1）用条件 $(V_1)\sim(V_3)$ 和 $a>|q|_\infty S^{-2}|\Omega|^{\frac{2^*-2}{2^*}}$，存在 $C_1>0$，使得 $a>|q|_\infty S^{-2}|\{V<C_1\}|^{\frac{2^*-2}{2^*}}$，有

$$\int_{R^3}q(x)u^2\mathrm{d}x\leqslant|q|_\infty\int_{\{V<C_1\}}^{u^2}\mathrm{d}x+|q|_\infty\int_{\{V\geqslant C_1\}}^{u^2}\mathrm{d}x$$

$$\leqslant|q|_\infty|\{V<C_1\}|^{\frac{2^*-2}{2^*}}S^{-2}\int_{R^3}|\nabla u|^2\mathrm{d}x+\frac{|q|_\infty}{\lambda}\int_{\{V\geqslant C_1\}}^{\lambda u^2}\mathrm{d}x$$

$$\leqslant a\int_{R^3}|\nabla u|^2\mathrm{d}x+\frac{|q|_\infty}{\lambda C_1}\int_{\{V\geqslant C_1\}}\lambda V(x)u^2\mathrm{d}x$$

$$\leqslant a\int_{R^3}|\nabla u|^2\mathrm{d}x+\frac{|q|_\infty}{\lambda C_1}\int_{R^3}\lambda V(x)u^2\mathrm{d}x$$

其次，由条件 $(f_2),(f_4)$ 以及式（4.34）对于 $\lambda>\Lambda_0:=\dfrac{|q|_\infty}{C_1}$，有

$$0=\langle I_{\lambda,b}'^{\mu}(u),u\rangle$$

$$\geqslant\int_{R^3}(a|\nabla u|^2+\lambda V(x)u^2)\mathrm{d}x-\int_{R^3}q(x)u^2\mathrm{d}x$$

$$> \int_{R^3}(a|\nabla u|^2+\lambda V(x)u^2)\mathrm{d}x - \frac{|q|_\infty}{\lambda C_1}\int_{R^3}(a|\nabla u|^2+\lambda V(x)u^2)\mathrm{d}x$$

$$\geq \left(1-\frac{|q|_\infty}{\lambda C_1}\right)\|u\|^2_{H^1(R^3),\lambda}$$

矛盾. 所以式（4.25）没有任何非平凡的解.

（2）对于第二个结果，将分两种情形讨论：

情形 I：

$\int_{R^3}q(x)u^4\mathrm{d}x=0$，利用式（4.36），有

$$0=\langle I'^\mu_{\lambda,b}(u),u\rangle$$

$$=a\int_{R^3}|\nabla u|^2\mathrm{d}x+b\left[\int_{R^3}|\nabla u|^2\mathrm{d}x\right]^2+\lambda\int_{R^3}V(x)u^2\mathrm{d}x+\mu\int_{R^3}\phi_u u^2\mathrm{d}x-\int_{R^3}f(x,u)\mathrm{d}x$$

$$\geq a\int_{R^3}|\nabla u|^2\mathrm{d}x+\lambda\int_{R^3}V(x)u^2\mathrm{d}x+\mu\int_{R^3}\phi_u u^2\mathrm{d}x-\int_{R^3}q(x)u^4\mathrm{d}x$$

$$=a\int_{R^3}|\nabla u|^2\mathrm{d}x+\lambda\int_{R^3}V(x)u^2\mathrm{d}x+\mu\int_{R^3}\phi_u u^2\mathrm{d}x$$

$$>0$$

显然这是矛盾的.

情形 II：

$\int_{R^3}q(x)u^4\mathrm{d}x>0$，设 $v=\dfrac{u}{\left(\int_{R^3}q(x)u^4\mathrm{d}x\right)^{\frac{1}{4}}}$，由 $\int_{R^3}q(x)u^4\mathrm{d}x=1$，则用条件 $(f_2),(f_4)$ 和式（4.37），有

$$0=\langle I'^\mu_{\lambda,b}(u),u\rangle$$

$$\geq a\int_{R^3}|\nabla u|^2\mathrm{d}x+\frac{1}{\lambda_1^{(3)}}\left[\int_{R^3}|\nabla u|^2\mathrm{d}x\right]^2+\lambda\int_{R^3}V(x)u^2\mathrm{d}x+\mu\int_{R^3}\phi_u u^2\mathrm{d}x-$$

$$\int_{R^3}q(x)u^4\mathrm{d}x$$

$$=\left(\int_{R^3}q(x)u^4\mathrm{d}x\right)^{\frac{1}{2}}\left[a\int_{R^3}|\nabla u|^2\mathrm{d}x+\lambda\int_{R^3}V(x)u^2\mathrm{d}x\right]+\frac{1}{\lambda_1^{(3)}}\left[\int_{R^3}|\nabla u|^2\mathrm{d}x\right]^2+$$

$$\left(\int_{R^3}q(x)u^4\mathrm{d}x\right)^{\frac{1}{2}}\mu\int_{R^3}\phi_u u^2\mathrm{d}x-\int_{R^3}q(x)u^4\mathrm{d}x$$

$$\geq \left(\int_{R^3} q(x)u^4 dx\right)^{\frac{1}{2}} \left[a\int_{R^3} |\nabla u|^2 dx + \lambda \int_{R^3} V(x)u^2 dx \right] + \frac{1}{\lambda_1^{(3)}} \left[\int_{R^3} |\nabla u|^2 dx\right]^2$$
$$> 0$$

但是这是一个矛盾. 所以式（4.25）没有任何非平凡的解.

证毕.

4.2.4 结　论

在 $x \in R^N$ 中，对于每个 $2 < k < 2_\alpha^*$，通过条件 f 满足条件 $\lim\limits_{|t| \to \infty} \dfrac{f(x,t)}{|t|^{k-1}} = Q(x)$. 本章研究了函数 m 和 Q 对解决方案的影响，应用变分方法，得到了多个解的存在性. 此外，还获得了基态解. 研究发现，当关于 m 和 f 的假设不同时，可以获得不同解的数量. 本章的主要贡献是基于变分法建立了一个多重性定理.

参考文献

[1] S KURIHURA. Large-amplitude quasi-solitons in superfluid films[J]Phys Soc, 1981, 50(10): 3262-3267.

[2] E LAEDKE, K SPATSCHEK, L STENFLO. Evolution theorem for a class of perturbed envelope soliton solutions[J]. Math Phys, 1983, 24(12): 2764-2769.

[3] H LANGE, M POPPENBERG, H TEISMANN. Nash-Moser methods for the solution of quasilinear Schrödinger equations[J]. Commun Partial Differ, 1999, 24: 7-8, 1399-1418.

[4] A BOROVSKII, A GALKIN. Dynamical modulation of an ultrashort high-intensity laser pulse in matter[J]. Exp Theor Phys, 1993, 77: 562-573.

[5] E GLOSS. Existence and concentration of positive solutions for a quasilinear equation in N[J]. Math Anal Appl, 2010, 371(2), 465-484.

[6] A DE BOUARD, N HAYASHI, J SAUT. Global existence of small solutions to a relativistic nonlinear Schrödinger equation[J]. Comm Math Phys, 1997, 189: 73-105.

[7] A LITVAK, A SERGEEV. One-dimensional collapse of plasma waves[J]. JETP Lett, 1978, 27(10): 517-520.

[8] A NAKAMURA. Damping and modification of exciton solitary waves[J]. Phys Soc Jpn, 1977, 42(6): 1824-1835.

[9] F G BASS, N N NASANOV. Nonlinear electromagnetic spin waves[J]. Phys Rep, 1990, 189(4): 165-223.

[10] R HASSE. A general method for the solution of nonlinear soliton and kink Schrödinger equations[J]. Physik B, 1980, 37: 83-87.

[11] V G MAKHANKOV, V K FEDYANIN. Non-linear effects inquasi-one-dimensional models of condensed matter theory[J]. Physics Reports, 1984, 104(1): 1-86.

[12] B RITCHIE. Relativistic self-focusing and channel formation in laser-plasma interactions[J]. Phys Rev, 1994, 50(2): R687-R689.

[13] H LANGE, B TOOMIRE, P ZWEIFEL. Time-dependent dissipation in nonlinear Schrödinger systems[J]. Math Phys, 1995, 36(3): 1274-1283.

[14] C O ALVES, M YANG. Multiplicity and concentration of solutions for a quasilinear Choquarde quation[J]. Math Phys, 2014, 55(6).

[15] E SILVA, G VIEIRA. Quasilenear asymptotically periodic Schrödinger equations with critical growth[J]. Calc Var Partial Differ, 2010, 39: 1-33.

[16] E SILVA, G VIEIRA. Quasilinear asymptotically periodic Schrödinger equations with subcritical growth[J]. Nonlinear Anal, 2010, 72(6): 2935-2949.

[17] V MOROZ, J VAN SCHAFTINGEN. Groundstates of nonlinear Choquard equations Hardy-Littlewood-Sobolev critical exponent[J]. Commun Contemp Math, 2015, 17(5): 1550005.

[18] M MILLEM. Minimax Theorems[M]. Berlin: Birkhöuser, 1996.

[19] V MOROZ, J VAN SCHAFTINGEN. Existence of groundstates for a class of nonlinear Choquard equations[J]. Trans Amer Math, 2015, 367: 6557-6579.

[20] V MOROZ, J VAN SCHAFTINGEN. Groundstates of nonlinear Choquard equations: existence, qualitative properties and decay asymptotics[J]. Funct Anal, 2013, 265(2): 153-184.

[21] D CAO, S PENG. A note on the sign-changing solutions to elliptic problems with critical Sobolev and Hardy terms[J]. Diff Eqns, 2003, 193(2): 424-434.

[22] S CINGOLANI, M CLAPP, S SECCHI. Multiple solutions to a magnetic nonlinear Choquard equation[J]. Angew Math Phys, 2012, 63: 233-248.

[23] M POPPENBERG, K SCHMITT, Z WANG. On the existence of soliton solutions to quasilinear Schrödinger equations[J]. Calc Var Partial Differ, 2002, 14: 329-344.

[24] H BRÖZIS, T KATO. Remarks on the Schrödinger operator with singular complex potentials[J]. Math Pures, 1979, 9: 137-151.

[25] N HIRANO, C SACCON, N SHIOJI. Brezis-Nirenberg type theorems and multiplicity of positive solutions for a singular elliptic problem[J]. Diff Eqns, 2008, 245(8): 1997-2037.

[26] D LÜ. Existence and concentration behavior of ground state solutions for magnetic nonlinear Choquard equations[J]. Commun Pure , 2016, 15(5): 1781-1795.

[27] Z SHEN, F GAO, M YANG. Multiple solutions for nonhomogeneous Choquard equation involving Hardy-LittlewoodSobolev critical exponent[J]. Angew Math Phys, 2017, 68: 61.

[28] M COLIN, L JEANJEAN. Solutions for a quasilinear Schrödinger equations: a dual approach[J]. Nonlinear Anal, 2004, 56(2): 213-226.

[29] S CHEN, X WU. Existence of positive solutions for a class of quasilinear Schrödinger equations of Choquard type[J]. Math Anal , 2019, 475(2): 1754-1777.

[30] X YANG, W ZHANG, F ZHAO. Existence and muliplicity of solutions for a quasilinear Choquard equation via perturbation method[J]. Math Phys, 2018, 59(8): 081503.

[31] C ALVES, M YANG. Multiplicity and concentration behavior of solutions for a quasilinear Choquard equation via penalization method[J]. Proc Roy Soc Edinburgh Sect A, 2016, 146(6): 23-58.

[32] J MARCOSDOÓ, A MOAMENI. Solutions for singular quasilinear Schrödinger quation with one parameter[J]. Commun Pure, 2010, 9(4): 1011-1023.

[33] J CHEN, B CHENG, X HUANG. Ground state solutions for a class of quasilinear Schrödinger equations with Choquard type nonlinearity[J]. Appl Math Lett, 2020, 102: 106141.

[34] J LIU, Y WANG, Z WANG. Soliton solutions for quasilinear Schrödinger equations: II[J]. Diff Eqns, 2003, 187(2): 473-493.

[35] X YANG, W WANG, F ZHAO. Infinitely many radial and non-radial solutions to a quasilinear Schrödinger equation[J]. Nonlinear Anal, 2015, 114(11): 158-168.

[36] X LI, S MA, G. ZHANG. Existence and qualitative properties of solutions for Choquard equations with a local term[J]. Nonlinear Anal Real World Appl, 2019, 45: 1-25.

[37] V BENCI, D FORTUNATO. An eigenvalue problem for the SchrdingerMaxwell equations[J]. TopolMethods Nonlinear Anal, 1998, 11: 283-293.

[38] A AMBROSETTI. On Schrödinger-Poisson systems[J]. Milan J Math, 2008, 76: 257-274.

[39] G Kirchhoff, Mechanik, Teubener, Leipzig., 1983.

[40] T BARTSCH, A PANKOV, Z WANG. Nonlinear Schrödinger equations with steep potential well[J]. Commun Contemp Math, 2001, 3: 549-569.

[41] A AMBROSETTI, A MALCHIODI, S SECCHI. Multiplicity results for some nonlinear Schrödinger equations with potentials[J]. Arch Ration Mech Anal, 2001, 159: 253-271.

[42] X HE, W ZOU. Existence and concentration behavior of positive solutions for a Kirchhoff equation in RN[J]. Differ Equ, 2012, 252: 1813-1834.

[43] C STUART, H ZHOU. Global branch of solutions for nonlinear Schrödinger equations with deepening potential well[J]. Proc Lond Math Soc, 2006, 92: 655-681.

[44] M MILLEM. Minimax Theorems[M]. Berlin: Birkhäuser, 1996.

[45] D RUIZ. The Schrödinger-Poisson equation under the effect of a nonlinear local term[J]. Funct Anal, 2006, 237: 655-674.

[46] T BARTSCH, Z TANG. Multibump solutions of nonlinear Schrödinger equations with steep potential well and indefinite potential[J]. Discrete Contin Dyn Syst, 2013, 33: 7-26.

[47] A MAO, L YANG, A QIAN, et al. Existence and concentration of solutions of Schrödinger-Poisson system[J]. Appl Math Lett, 2017, 38: 8-12.

[48] G SICILIANO. Multiple positive solutions for a Schrödinger-Poisson-Slater system[J]. Math Anal Appl, 2010, 365: 288-299.

[49] J WANG, L TIAN, J XU, et al. Multiplicity and concentration of positive solutions for a Kirchhoff type problem with critical growth[J]. Differ Equ, 2012, 253: 2314-2351.

[50] L SHAO, H CHEN. Multiplicity and concentration of nontrivial solutions for a class of fractional Kirchhoff equations with steep potential well[J]. Math Method Appl Sci, 2021, 45(4): 2349-2363.

[51] X CABRÉ, Y SIRE. Nonlinear equations for fractional Laplacians I. Regularity, maximum principle and Hamiltonian estimates[J]. Ann Inst H Poincaré Anal Non Linéaire, 2014, 31: 23-53.

[52] V AMBROSIO. Multiplicity of positive solutions for a class of fractional Schrödinger equations via penalization method[J]. Annali di Matematica, 2017, 196: 2043-2062.

[53] S RAWAT, K SREENADH. Multiple positive solutions for degenerate Kirchhoff equations with singular and Choquard nonlinearity[J]. Math Meth Appl Sci, 2021: 1-21.

[54] G BISCI, V RĂDULESCU. Ground state solutions of scalar field fractional Schrödinger equations[J]. Calculus of Variations, 2015, 54: 2985-3008.

[55] P LIONS. The concentration compactness principle in the calculus of variations: The locally compact case. Parts 1, 2[J]. Ann. Inst H H Poincar Anal Non Linaire, 1984, 2(b): 223-283.

[56] P LIONS. The concentration compactness principle in the calculus of variations: the locally compact case. Part 1, 2[J]. nn. Inst H H Poincar Anal Non Linaire, 1984, 2: 109-145.

[57] G FIGUEIREDO, N IKOMA, J SANTOS JNIOR. Existence and concentration result for the Kirchhoff type equations with general nonlinearities[J]. Arch Ration Mech Anal, 2014, 213: 931-979.

[58] C STUART, H ZHOU. Existence and multiplicity of positive solutions for fractional Schrödinger equations with critical growth[J]. Nonlinear Anal-Real, 2017, 35: 158-174.

[59] P D'ANCONA, S SPAGNOLO. Global solvability for the degenerate Kirchhoff equation with real analytic data[J]. Invent Math, 1992, 108: 247-262.

[60] F JIA, B LI. Multiplicity and concentration behaviour of positive solutions for Schrödinger-Kirchhoff type equations involving the p-Laplacian in RN[J]. Acta Mathematica Scientia, 2018, 38: 391-418.

[61] G FIGUEIREDO, J SANTOS JNIOR. Multiplicity and concentration of positivesolutions for a Schrödinger-Kirchhoff-type problem via penalization method[J]. ESAIM Control Optim Calc Var, 2014, 20: 389-415.

[62] S GHOSH. An existence result for singular fractional Kirchhoff-Schrödinger-Poisson system[J]. Complex Variables and Elliptic Equations, 2022, 67: 1817-1846.

[63] V AMBROSIO. An Existence Result for a Fractional Kirchhoff-Schrödinger-Poisson System[J]. Angew Math Phys, 2018, 30: 1-13.

[64] P PUCCI, M XIANG, B ZHANG. Multiple solutions for nonhomogeneous Schrödinger-Kirchhoff type equations involving the fractional p-Laplacian in RN[J]. Calc Var Partial Differential Equations, 2015, 54: 2785-2806.

[65] G ZHAO, X ZHU, Y LI. Existence of infinitely many solutions to a class of Kirchhoff-Schrödinger-Poisson system[J]. Appl Math Comp, 2015, 256: 572-581.

[66] W LI, V D RADULESCU, B ZHANG. Infinitely many solutions for

fractional Kirchhoff-Schrödinger-Poisson systems[J]. Math Phy, 2019, 60: 011506.

[67] S BARILE. On existence and multiplicity for Schrödinger-Poisson systems involving weighted sublinear nonlinearities[J]. Electronic Journal of Qualitative Theory of Differential Equations, 2017, 21: 1-21.

[68] J SUN, T WU, Z FENG. Multiplicity of positive solutions for a nonlinear Schrödinger-Poissonsystem[J]. Differ Equ, 2011, 21: 586-627.

[69] YAFAEV D. Sharp constants in the Hardy-Rellich Inequalities[J]. Funct. Anal., 1999(168): 121-144.

[70] NEZZA E DI, Palatucci G, VALDINOCI E. Hitchhiker's guide to the fractional Sobolev spaces[J]. Bull. Sci. Math., 2012(136): 521-573.

[71] LI F Y, ZHANG Q. Existence of positive solutions to the Schrödinger-Poisson system without compactness conditions[J]. Math. Anal. Appl., 2013(2): 754-762.

[72] LU D, XU G. On nonlinear fractional Schrödinger equations with Hartree-type nonlinearity[J]. Applicable Analysis., 2016, DOI:10.1080/00036811. 2016.1260708.

[73] LI FU, GAO CHUN, ZHU XIAO. Existence and concentration of sign-changing solutions to Kirchhoff-type system with Hartree-type nonlinearity [J]. Math. Anal. Appl., 2017(448): 60-80.

[74] 韩丕功, 刘朝霞. 带有临界指数的二阶椭圆方程[M]. 北京: 科学出版社, 2012.